FH JOANNEUM
INFORMATIONSDESIGN

Mit freundlicher Unterstützung von:
Creative
Industries
Styria

Print Nachhaltig

Petra Ploy

Inhaltsverzeichnis

I

Nachhaltigkeit

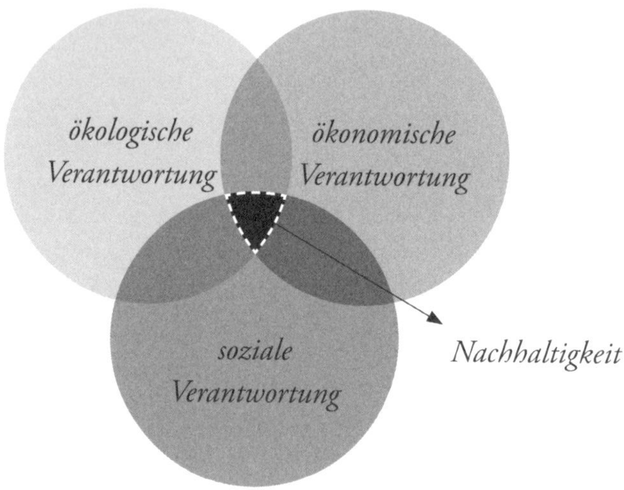

Abb. 1: Die drei Bestandteile der Nachhaltigkeit

Begriffsdefinition

Allgemein

„Nachhaltigkeit kann auf vielerlei Weise definiert werden. Am einfachsten lässt sie sich beschreiben als ausgewogene Verwendung natürlicher, sozial und ökonomisch verträglicher Ressourcen mit der Zielsetzung, das Wohlergehen unseres Planeten und der zukünftigen Generationen zu erhalten.“ [1]

„Nachhaltigkeit, die; Nach|hal|tig|keit; 1. längere Zeit anhaltende Wirkung; 2.a. (Forstwirtschaft) forstwirtschaftliches Prinzip, nach dem nicht mehr Holz gefällt werden darf, als jeweils nachwachsen kann; b. (Ökologie) Prinzip, nach dem nicht mehr verbraucht werden darf, als jeweils nachwachsen, sich regenerieren, künftig wieder bereitgestellt werden kann“ [2]

„nachhaltig; nach|hal|tig; 1. sich auf längere Zeit stark auswirkend; 2.a. (Forstwirtschaft) die Nachhaltigkeit betreffend, auf ihr beruhend; b. (Ökologie) auf Nachhaltigkeit beruhend“ [3]

1 Sherin 2009, S. 12.
2 Duden 1
3 Duden 2

Der Begriff Nachhaltigkeit ist in vielen Bereichen zu finden, z. B.:

- Im täglichen Leben steht der Terminus Nachhaltigkeit meist für Langlebigkeit und Dauerhaftigkeit.

- In der Forstwirtschaft steht Nachhaltigkeit für ein Bewirtschaftungsprinzip. Dieses besagt, dass nicht mehr Holz geschlagen wird als natürlich nachwächst.

- Die Wirtschaft versteht den Begriff als ein Synonym für wirtschaftliches, sozial- und umweltverträgliches Handeln.

- Der Begriff Nachhaltigkeit wird aber auch oft zum *Greenwashing* für einzelne umweltfreundliche Leistungen, Produkte oder Aktivitäten benutzt, die eigentlich nur in diesem kleinen Bereich nachhaltig sind (siehe S. 9 Problem des Greenwashing).

Es lässt sich also daraus ableiten, dass es um einen verantwortungsbewussten Umgang mit den zur Verfügung stehenden Ressourcen geht. Das gilt für jeden Menschen, denn jeder hinterlässt seinen eigenen ökologischen Fußabdruck mit dem, was jeder kauft, wie jemand handelt, ob und wie Müll getrennt, wie gewohnt wird und noch vieles mehr.

Der Wissenschaftler und Begründer von *Global Footprint Network* Mathis Wackernagel, hat mit dem ökologischen Fußabdruck eine Möglichkeit zur Visualisierung von Nachhaltigkeit entwickelt. Mit der Berechnung der Produktivität und der Teilung dieses Wertes durch die Anzahl der Menschen hat er erforscht, dass derzeit das Äquivalent von 1,5 Erden benötigt wird. Denn die Erde würde ein Jahr und sechs Monate brauchen, um die verwendeten Ressourcen wieder bereitzustellen, die in einem Jahr verbraucht werden und unseren Müll aufzunehmen. UN-Szenarien zeigen, dass bis 2030 zwei Erden benötigt werden würden.[4] Auf der Internetseite des *Global Footprint Networks* gibt es die Möglichkeit, seinen persönlichen ökologischen Fußabdruck berechnen zu lassen unter: http://www.footprintnetwork.org/en/index.php/GFN/page/calculators/[5]

4 Vgl. Dougherty 2008, S. 32.
5 Vgl. Global Footprint Network 2011

Die Bewertung von Nachhaltigkeit ist eigentlich eine *einfache* Rechnung. In Menschenhand liegt die Bewahrung natürlicher Systeme und der Verzicht auf schwer abbaubare Chemikalien. Denn die Einschätzung, ob eine bestimmte Handlung nachhaltig ist oder nicht, ist bei Weitem keine Frage der Ethik oder pure Ansichtssache, sondern mit dem zur Verfügung stehenden Hintergrundwissen in der Tat eine moralische Entscheidung.[6]

6 Vgl. Dougherty 2008, S. 31.

Begriffsdefinition hinsichtlich Print

"Print has profoundly changed the world since the days of Johannes Gutenberg, but now due to the prodigious volumes of energy and materials consumed and mountains of waste produced, the printing industry is challenged to profoundly change itself." [7]

Ob Druckerei, Designer, Papierhersteller, Farbhersteller, Auftraggeber oder Endverbraucher, das Umdenken zur Nachhaltigkeit findet statt und es stellt sich nur die Frage, wer schneller und effektiver auf das immer stärker wachsende Bewusstsein und Verlangen nach nachhaltigen Erzeugnissen reagiert. Jeder Designer, der nachhaltig handeln möchte, wird immer wieder seine Entscheidungen vor dem Kunden, seinen Vorgesetzten oder den Druckereien rechtfertigen müssen und früher oder später zu dem Schluss kommen, dass nachhaltiges Printdesign Mehrkosten verursacht, mit anderen Worten zu viel kostet. Doch im Endeffekt ist diese Behauptung meistens falsch. Denn es gibt oft umweltfreundliche Materialien, die gleich viel oder sogar weniger kosten.[8]

7 Jedlička 2010, S. 39–40.
8 Vgl. Dougherty 2008, S. 34.

Das Einzige, was dafür benötigt wird, ist etwas Zeit, um diese Materialien überhaupt ausfindig zu machen. Außerdem sollte nicht nur auf offensichtliche Kosten geachtet werden. Denn oftmals lässt sich ziemlich schnell auch Einsparungspotenzial ausfindig machen, um mögliche Mehrkosten wieder auszugleichen. Nachhaltige Designansätze haben automatisch einen gewissen Mehrwert; sowohl bei Designern als auch beim Kunden und dessen Mitarbeitern – und zwar durch ein gutes Gewissen.[9]

"The truth is, innovation may cost more than the status quo. It requires fresh thinking, experimentation and research. Yet, after weighing the options, most people would acknowledge that innovation pays dividend – the added value outweighs any added cost. The good news for designers is that adding value is a creative process. Designers are good at adding value. When we focus our creativity on reducing waste, we find novel ways of doing things. We start designing for change." [10]

9 Vgl. Dougherty 2008, S. 35 f.
10 Dougherty 2008, S. 40.

Problem des Greenwashing

"Green-wash (green'wash', -wôsh') verb: the act of misleading consumers regarding the environmental practices of a company or the environmental benefits of a product or service." [11]

Viele Unternehmen versuchen mit allen Mitteln, ihren Marken und sich selbst einen gewissen grünen Touch zu verleihen und heben in ihrem Marketing, ihrer Werbung und ihrer Öffentlichkeitsarbeit besonders soziales und/oder ökologisches Engagement hervor. Dies betrifft aber meist nur einen kleinen Bereich, einen Produktionsprozess oder nur einen der vielen Inhaltsstoffe eines Produktes. Es mag sogar vorkommen, dass gar nichts verändert wurde und das Unternehmen oder die Marke trotzdem mit einem grünen Image wirbt.

"They want the greener hue, but they don't want to spend any time or money making real changes." [12]

Das Ziel ist natürlich, den Verbraucher in seiner Kaufentscheidung zu beeinflussen. Doch bei kritischer Betrachtung stellt dieser schnell fest, dass er in die Irre geleitet wurde/wird.

11 Jedlička 2010, S. 110.
12 Jedlička 2010, S. 367.

"Consumers Seeking Clarity – A majority of consumers are distrustful of companies' environmental claims (57 %) and are overwhelmed by the amount of environmental messages in the marketplace (51 %). Given this confusion, it's understandable that consumers are somewhat wary of general claims alone:

59 %

say it is only acceptable for marketers to use general environmental claims when they are backed up with additional detail and explanation.

23 %

say vague environmental claims should never be used.

79 %

want detailed information readily accessible on product packaging.

75 %

wish companies would do a better job helping them understand the environmental terms they use." [13]

13 Vgl. Cone Trend Tracker 2011, S. 1.

Dies ist nicht nur für die Verbraucher ein Problem, sondern auch für wirklich soziale und/oder ökologisch verantwortungsvolle Unternehmen und Marken. Unternehmens- bzw. Markenprofile werden vom Verbraucher schubladisiert und dieser kehrt allen Marken mit diesem Image den Rücken zu.

„Dem ‚Greenwashing' begegnet der aufgeklärte Kunde am effizientesten durch Wissen und Neugier. Er sollte bei Firmen kaufen, die ihre Aktivitäten in jedem Bereich, in dem sie tätig sind, transparent darstellen und überzeugend darlegen, wie es um ihr ökologisches und soziales Engagement in der Zukunft bestellt ist." [14]

14 Sherin 2009, S. 25.

TerraChoice Environmental Marketing Inc. hat 2007 *Sechs Sünden des Greenwashing* definiert und wie folgt bezeichnet: [15]

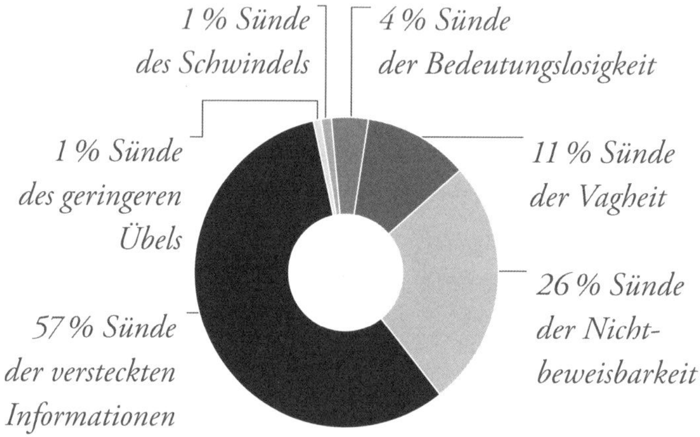

15 Vgl. TerraChoice 2007, S. 2 ff. (Übersetzung der Verfasserin)

1. *Sünde der versteckten Informationen:*
   Besondere Hervorhebung einzelner Aspekte und/oder Aktionen eines Produktes oder Unternehmens, obwohl das restliche Produkt oder Unternehmen nicht umweltfreundlich ist.

2. *Sünde der Nichtbeweisbarkeit:*
   Für Kunden nicht nachvollziehbare Produktversprechen ohne entsprechende Zertifikate.

3. *Sünde der Vagheit:*
   Die Verwendung gut klingender Worthüllen und unverbindlicher Begriffe.

4. *Sünde der Bedeutungslosigkeit:*
   Werbung mit Eigenschaften, die keine Rolle spielen.

5. *Sünde des Schwindels:*
   Die Angabe falscher Informationen.

6. *Sünde des geringeren Übels:*
   Verweis auf die Verwendung eines besseren Inhaltsstoffes oder eines besseren Herstellungsverfahrens, obwohl das nur der halben Wahrheit entspricht.[16]

16 Vgl. TerraChoice 2007, S. 2 ff. (Übersetzung der Verfasserin)

Designer stehen zwischen den Verbrauchern und den Unternehmen und haben deswegen auch die Möglichkeit, diese Sünden nicht zu begehen. Auch wenn die meisten Unternehmen sicher nicht gerne hören, dass sie wissentlich mit falschen Informationen Werbung machen wollen. So kann sie vielleicht die Studie von Cone Communications überzeugen. Diese besagt, dass Konsumenten die herausfinden, dass eine Angabe irreführend oder sogar falsch ist, folgenden Maßnahmen ergreifen:

11 %
werden weiterhin das Produkt kaufen.

71 %
werden das Produkt nicht mehr kaufen.

37 %
Von den 71 %, die aufhören, das Produkt zu kaufen, werden 37 % nicht nur das Produkt nicht mehr kaufen, sondern alle Produkte der Firma meiden.[17]

17 Vgl. Cone Trend Tracker 2011, S. 6. (Übersetzung der Verfasserin)

Nachhaltige Designstrategien

Cradle to Cradle

Abb. 2: Cradle to Cradle Logo

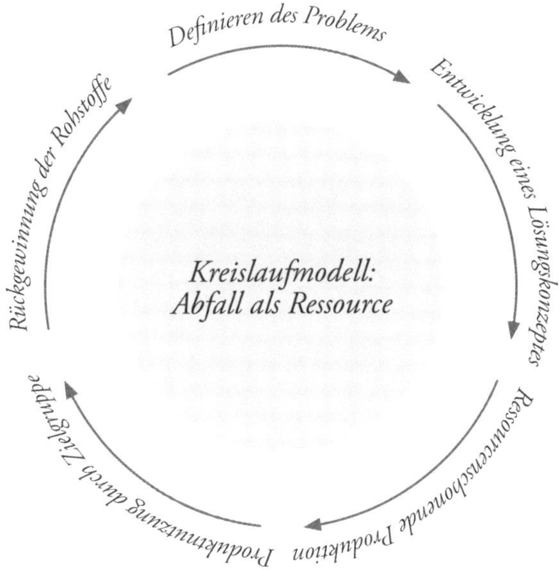

Abb. 3: Das Cradle to Cradle Modell

„William McDonough und Michael Braungart forderten 2002 in Cradle to Cradle (dt.: Einfach intelligenter produzieren), dass ein Gegenstand nach seiner Nutzung in der Lage sein müsse, zur Herstellung eines neuen Produktes beizutragen. […] Nach ihrer Auffassung resultiert das Hauptproblem fehlender Nachhaltigkeit weniger aus dem Massenkonsum als aus ökologisch mangelhaftem Design.“ [18]

18 Sherin 2009, S. 22.

Cradle to Cradle beschreibt einen Prozess, bei dem umgedacht werden muss. Recycling an sich ist gut, doch wird ein Rohstoff nie wieder seine ursprüngliche Qualität vorweisen können. Es wäre daher sinnvoll, zu versuchen, den Lebenszyklus eines Produktes oder vielmehr der einzelnen Bestandteile eines Produktes zu verlängern, indem die Wiederaufbereitung vereinfacht und die Weiterverwendung in anderen Herstellungsprozessen gleich von vornherein mitgeplant werden.

Dies wird erreicht durch eine möglichst geringe Anzahl verschiedener und leicht trennbarer Materialien sowie durch einen größtmöglichen Verzicht auf giftige Chemikalien und Herstellungsverfahren mit einem hohen Wasser- und/oder Stromverbrauch. Zugleich aber auch eine umweltfreundliche Kompostierung, wenn der Lebenszyklus eines Rohstoffes am Ende angelangt ist.

Designing Backwards

Laut Dougherty ist es wichtig, sich als Designer auf eine mentale Reise, eine Art Mehrphasenbrainstorming zu begeben. Der Beginn ist zugleich das Ende, also das bereits benutzte Designprodukt, und endet mit dem Anfang, also dem Designprozess, besser gesagt mit dem Druck. Dougherty weist insbesondere darauf hin, sich gut zu überlegen, was das beste Ergebnis sein könnte. Nur so kann im Laufe des Brainstormings auch Wissen erweitert und erlernt werden, dieses anzuwenden. Auf diese Weise können mögliche Hürden aus dem Weg geräumt werden.[19]

19 Vgl. Dougherty 2008, S. 48 f.

Dougherty unterteilt diesen Prozess in sechs Abschnitte: [20]

6. Müll:
Bedenke die Möglichkeiten von Recyclebarkeit, Wieder- und Weiterverwendung sowie Kompostierbarkeit.

5. Nutzer:
Wie könnte ein mögliches Nutzererlebnis sein? Gibt es einen zusätzlichen Wert durch Informationen?

4. Verbreitung:
Denke an die Distribution: Was ist die effizienteste Verpackung? Spare mit zusätzlichen Verpackungsschichten und suche nach Alternativen.

3. Lagerung:
Muss immer alles vorrätig sein? Was wäre die effizienteste und effektivste Lösung?

2. Bindung:
Versuche Verschnitt zu vermeiden und bedenke mechanische Bindungen.

1. Druck:
Probiere Recyclingpapiere, ziehe Digitaldruck, UV- sowie lösungsmittelarme Tinten in Betracht.

20 Vgl. Dougherty 2008, S. 48 f.

Druck

Papier

Papierverbrauch pro Kopf in Österreich

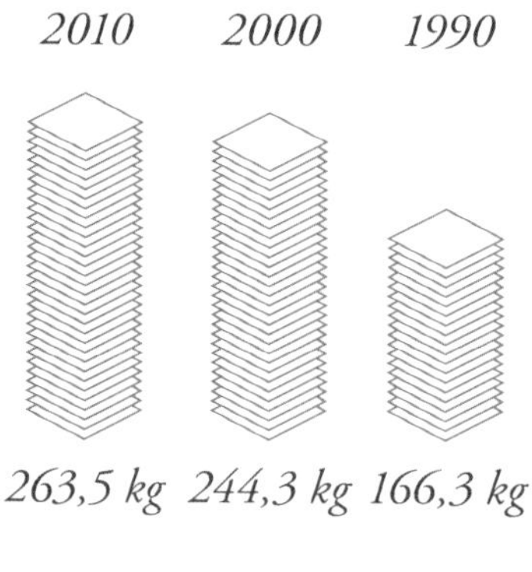

Papierverbrauch, Österreich 2010
im Vergleich zu 2000 und 1990

(in Tonnen)	2010	2000	1990
Zeitungs-druckpapiere	*251.300*	*304.826*	*143.643*
Druck- & Schreibpapiere	*704.392*	*717.312*	*440.023*
Kraftpapiere	*241.157*	*180.166*	*124.245*
andere Verpack-ungspapiere	*568.862*	*402.116*	*294.137*
Dünn- & Spezialpapiere	*219.866*	*143.793*	*93.146*
Papier gesamt	*1.985.577*	*1.748.213*	*1.095.194*
Pro-Kopf-Verbrauch	*263,5 kg*	*244,3 kg*	*166,3 kg*

Abb. 4: Papierverbrauch, Österreich

2009 Papierverbrauch pro Kopf

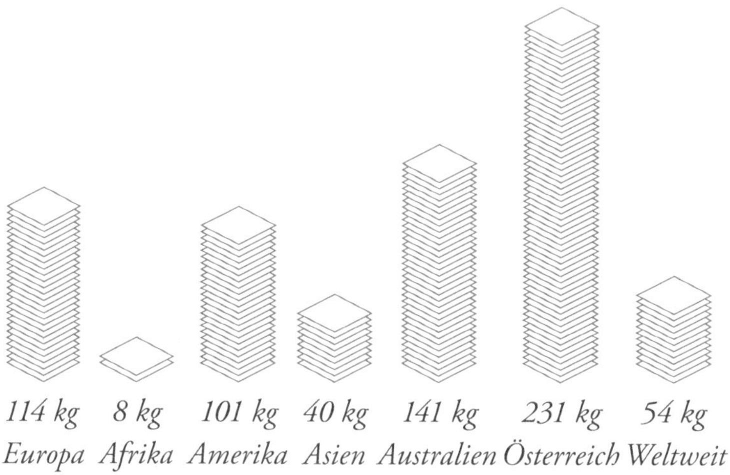

Internationale Zahlen Papier 2009

	Produktion (in 1000 Tonnen)	Verbrauch (in 1000 Tonnen)	Pro-Kopf-Verbrauch (in kg)
Europa	*101.444*	*93.459*	*114*
Afrika	*4.190*	*7.517*	*8*
Amerika	*103.871*	*102.631*	*101*
Asien	*157.181*	*162.420*	*40*
Australien	*4.001*	*4.708*	*141*
Österreich	*4.606*	*1.933*	*231*
Welt gesamt	*370.687*	*370.735*	*54*

Abb. 5: Papierverbrauch, International

Papierwahl

Designer verbrauchen Unmengen an Papier. Allein schon, um Notizen zu machen, Skizzen anzufertigen oder für Probedrucke. Dann kommt natürlich noch die eigentliche Produktion, also der Druck, die Endfertigung und Distribution hinzu.

Doch nicht nur Designer arbeiten mit Papier. Laut dem Jahresbericht der Papierindustrie Österreich liegt der weltweite Papierverbrauch zurzeit bei mehr als 370 Millionen Tonnen Papier pro Jahr mit einem starken Wachstum. Das bedeutet, es werden jetzt schon mehr als eine Million Tonnen Papier pro Tag verbraucht.[21]

21 Vgl. Jahresbericht der Papierindustrie 2010, S. 67.

Forstwirtschaft und Holz

Der Begriff der nachhaltigen Waldbewirtschaftung wurde 1993 in Helsinki bei der zweiten Ministerkonferenz zum Schutz der Wälder in Europa wie folgt definiert: [22]

„Die Behandlung und Nutzung von Wäldern und Waldflächen auf eine Weise und in einem Ausmaß, dass deren biologische Vielfalt, Produktivität, Verjüngungsfähigkeit, Vitalität sowie deren Fähigkeit, die relevanten ökologischen, wirtschaftlichen und sozialen Funktionen gegenwärtig und in der Zukunft zu gewährleisten, auf lokaler, nationaler und globaler Ebene erhalten bleiben, ohne anderen Ökosystemen Schaden zuzufügen." [23]

Urwälder, auch Primärwälder genannt, sind mittlerweile schon eine Rarität geworden und es kommt immer wieder vor, dass sie abgeholzt und zu Papier verarbeitet werden, um dem weltweit steigenden Papierverbrauch nachzukommen.

22 Vgl. Lebensministerium 2008
23 Lebensministerium 2008

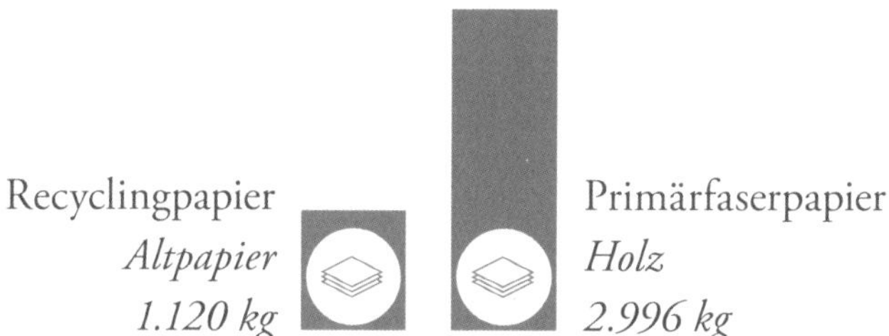

Eine Tonne Recyclingpapier verbraucht im Vergleich zu Primärfaserpapier weniger als die Hälfte an Altpapier, als Holz für Primärfaserpapier benötigt wird.[24]

24 Vgl. Nachhaltigkeitsrechner

Aufforstung ist zwar essentiell, aber ein Sekundärwald kann nie wieder dieselbe Artenvielfalt aufweisen wie ein Primärwald. Dazu kommt noch, dass Wälder, vor allem Primärwälder, CO_2 (Kohlenstoffdioxid) umwandeln und speichern. Nachhaltige Papierproduktion fängt nicht erst in der Papierfabrik bei dem zu Hackschnitzeln verarbeiteten Holz an. Bereits die vorangehenden Prozesse/Arbeitsschritte, welche die Forstwirtschaft, den Transport und die Verarbeitung des Holzes betreffen, sind im Hinblick auf ihre Nachhaltigkeit zu überprüfen.

Bei hochwertigem Papier findet im ersten Produktionsschritt eine Vermengung von Hackschnitzeln mit Chemikalien und Wasser statt. Beim nächsten Produktionsschritt wird die Zufuhr von Wärme und Druck benötigt, um die Fasern aufzubrechen. Danach werden die Fasern gewaschen, Verunreinigungen und das Lignin ausgespült und – meist mehrmals – gebleicht.[25]

25 Vgl. Sherin 2009, S. 60 f.

Hierbei ist zwischen drei Bleichungsverfahren zu unterscheiden. Diese sind:

- ECF steht für *elementary chlorine free*. Bei diesem Bleichungsprozess wird auf das elementare Chlor verzichtet und dafür mit Chlordioxid gebleicht.
- TCF steht für *totally chlorine free*. Hierbei wird vollkommen auf Chlor verzichtet und mithilfe von Ozon oder Wasserstoffperoxid gebleicht.
- PCF steht für *processed chlorine free* und kommt nur bei der Recyclingpapierherstellung vor. Hier wird darauf geachtet, dass das verwendete Material nur aus ungebleichten oder TCF-gebleichten Fasern besteht und zusätzlich verwendete Primärfasern nur TCF-gebleicht sind.

Nach dem Bleichen werden die Fasern mit Wasser vermengt und auf ein Sieb oder Gewebe geleitet, auf dem sich eine Papierschicht ablagert. Nachfolgend wird das Papier mithilfe von Druck und Wärme getrocknet. Darauf folgt, bei gestrichenem Papier, der Auftrag des Bindemittels. Dieses kann entweder mineralische Bestandteile enthalten oder solche aus erneuerbaren Stoffen wie Stärke. Schließlich kommt das Papier in die Presse, wird geglättet und zu Rollen gewickelt.[26]

26 Vgl. Sherin 2009, S. 61.

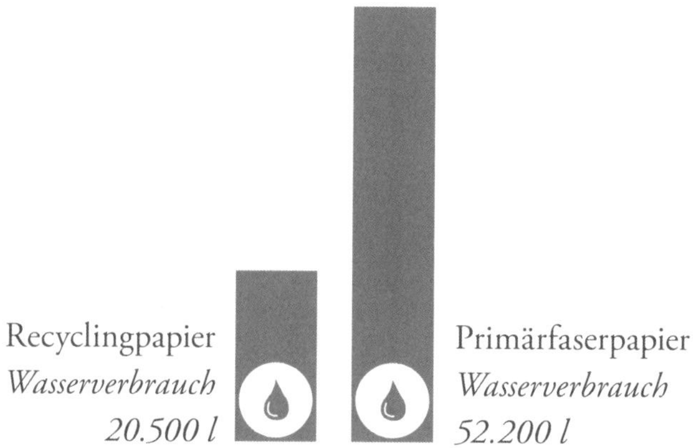

Eine Tonne Recyclingpapier verbraucht im Vergleich zu Primärfaserpapier weniger als die Hälfte an Wasser in der Aufbereitung, als für die Herstellung von Primärfaserpapier benötigt wird.[27]

27 Vgl. Nachhaltigkeitsrechner

Wasser

Die Menge an benötigtem Wasser während des Papierherstellungsprozesses ist erschreckend hoch. Laut Brian Dougherty steht die Zellstoff- und Papierindustrie an erster Stelle, gemessen am Wasserverbrauch der industriellen Nutzer weltweit.[28]

Papierfabriken stehen normalerweise direkt neben Flüssen. Sie nutzen das Flusswasser und leiten es nach der Produktion wieder zurück. Dadurch wird natürlich nicht nur das Ökosystem, sondern auch die Wasserqualität des Flusses in Mitleidenschaft gezogen. Fabriken setzen deswegen mittlerweile auf ein abwasserfreies Zellstoff- und Papierherstellungsverfahren in einem geschlossenen Kreislaufsystem, TEF *totally effluent free* genannt. Auch das Bleichungsverfahren ist mitverantwortlich für die Wasserqualität (siehe S. 27 Forstwirtschaft und Holz). PCR *post-consumer recyceld* Fasern, also nach Gebrauch recycelte Materialien, verbrauchen in der Wiederaufbereitung und neuerlichen Papierherstellung durchschnittlich 42 Prozent weniger Wasser als Primärpapier.[29]

28 Vgl. Dougherty 2008, S. 135.
29 Vgl. Nachhaltigkeitsrechner

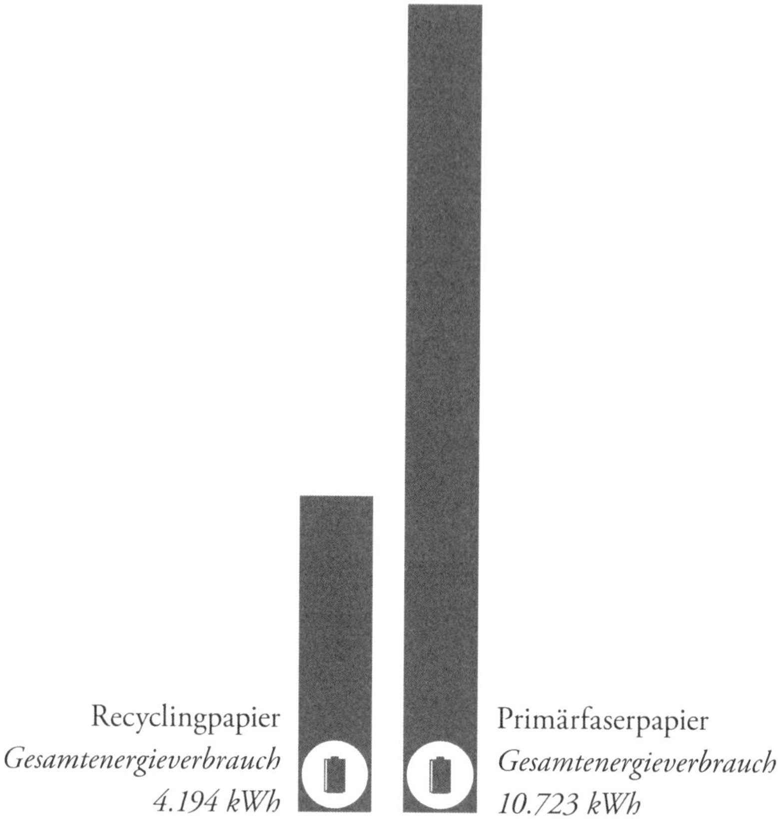

Eine Tonne Recyclingpapier verbraucht im Vergleich zu Primärfaserpapier weniger als die Hälfte an Energie in der Aufbereitung als bei der Herstellung von Primärfaserpapier benötigt wird.[30]

30 Vgl. Nachhaltigkeitsrechner

Energie

Neben der fortschreitenden Zerstörung der Wälder verbraucht die Papierherstellung Unmengen an Energie und leistet demzufolge einen sehr großen Beitrag zum Treibhauseffekt. Zusammengenommen zeigen neuere Forschungsergebnisse, dass die Papierindustrie der viertgrößte industrielle Produzent von Kohlendioxid ist, was in Zahlen neun Prozent der weltweiten Treibhausgasemissionen ausmacht.[31]

Es gibt Möglichkeiten, als Designer den Energieverbrauch zu minimieren, so kann beispielsweise PCR *post-consumer recycled* Papier benutzt und die Umstellung auf erneuerbare Energiequellen unterstützt werden. PCR-Papier benötigt nämlich in der Herstellung ungefähr 64 Prozent weniger Energie als Primärpapier.[32]

Einige Papierhersteller verbrennen ihren eigenen Abfall und erzeugen dadurch selbst Energie, was andererseits wieder für die CO_2-Emissionen nicht besonders vorteilhaft ist. Eine nachhaltigere Möglichkeit für Papierhersteller ist es, Energie aus erneuerbaren Ressourcen zu beziehen.

31 Vgl. Dougherty 2008, S. 124. (Übersetzung der Verfasserin)
32 Vgl. Nachhaltigkeitsrechner

Eine Tonne Büropapier im Vergleich Recyclingpapier und Primärfaserpapier [33]

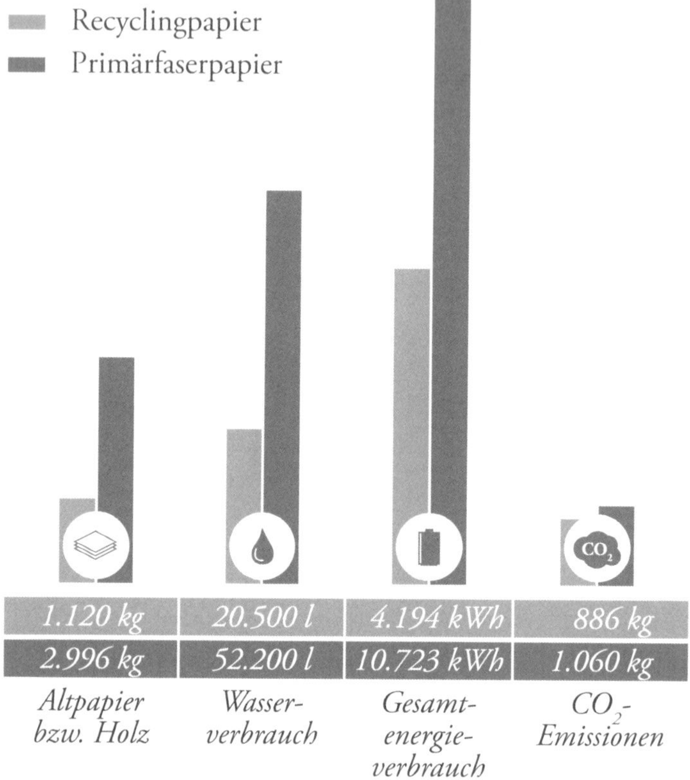

33 Vgl. Nachhaltigkeitsrechner

Holz, Wasser und Energie

Zusammenfassend lässt sich sagen, dass PCR-Papier mehr Vorteile zu bieten hat – nicht nur im Energie- und Wasserverbrauch, sondern auch in der Herstellung. Außerdem ist es wichtig, darauf zu achten, wie das Papier gebleicht wurde. ECF ist mit Chlordioxid zwar besser als Chlorbleiche, TCF und PCF setzen jedoch noch höhere Standards.

Zertifikate

Bei Papier kann die Vielfalt der Zertifizierungen sehr verwirrend sein. Einige Gütesiegel beziehen sich auf nachhaltige Forstwirtschaft, andere auf Wasser- und Energieverbrauch, weitere wiederum berücksichtigen alle drei Aspekte. Aber was vielen nicht bekannt ist, dass eine Zertifizierung einen großen Kosten- und Bürokratieaufwand mit sich bringt. Beispielsweise sind die Kosten, verbunden mit dem Antrag, der Prüfung, aber auch der Nutzung des Logos – zum Teil jährlich – zu bezahlen.

Trotz alledem, für den Erhalt der Zertifikate sind genau definierte Mindestvoraussetzungen zu erfüllen. Einige Forstwirtschaften, Papierhersteller und Druckereien verzichten deshalb lieber auf Zertifikate, obwohl sie höhere Standards erfüllen als die Mindestanforderungen vorgeben.

Zertifikate für Recyclingpapiere

Der Blaue Engel Recyclingpapier

Abb. 6: Blauer Engel Zertifikat
www.blauer-engel.de

Das Umweltzeichen *Der blaue Engel* wurde 1987 auf Initiative des deutschen Bundesministers des Inneren und durch den Beschluss der Umweltminister des Bundes und der Länder gegründet. Das Zertifikat ist das älteste umweltbezogene Kennzeichen und wird vor allem in Deutschland genutzt.[34]

Unter der Rubrik RAL-UZ 14 sind die Bestimmungen für Papier zu finden. Der Altpapieranteil muss 100 % betragen und es dürfen keine Primärfasern enthalten sein. Auch das chlorfreie Bleichen, das Einhalten der Höchstwerte und/oder Verbot von bestimmten Chemikalien sowie Begrenzungen der VOCs sind Teil der Anforderungen des Blauen Engels.[35]

34 Vgl. Blauer Engel
35 Vgl. Blauer Engel RAL-UZ 14

FSC-Recycling (Forest Stewardship Council)

Abb. 7: FSC Recycling Zertifikat
www.fsc.org

Der *Forest Stewardship Council*, kurz FSC, wurde Anfang der 1990er-Jahre gegründet, um nachhaltig bewirtschaftete Wälder zu kennzeichnen. Es handelt sich dabei um eine unabhängige, gemeinnützige Nichtregierungsorganisation, die weltweit operiert.[36]

FSC zertifiziert mithilfe von unabhängigen Gutachtern, anhand von ökonomischen, ökologischen und sozialen Bedürfnissen in Bezug auf gegenwärtig und zukünftig lebende Menschen. Das FSC-Recycling-Zertifikat kennzeichnet Produkte, die aus 100 % Altpapier oder mindestens 85 % PCW-Material bestehen. Allerdings ist nicht geklärt, wie groß der Anteil von Altpapier unterer Sorten sein muss. Auch der Einsatz von Chemikalien ist nicht durch Anforderungen beschränkt.[37]

36 Vgl. FSC Recycling
37 Vgl. ebda.

Zertifikate für nachhaltige Forstwirtschaft

FSC 100 % (Forest Stewardship Council)

Abb. 8: FSC 100 % Zertifikat
www.fsc.org

Das *FSC 100 %* Siegel kennzeichnet Produkte aus 100 % FSC-zertifizierten Wäldern und Plantagen. Eine Lücke des FSC-Zertifikates ist, dass nicht festgelegt ist, ob ein Papier mit dem FSC-Logo chlorfrei gebleicht wurde oder nicht. Ebenso sind der Einsatz von Chemikalien und die VOC-Emissionen nicht begrenzt.[38]

38 *Vgl. FSC 100 %*

FSC-Mix (Forest Stewardship Council)

Abb. 9: FSC Mix Zertifikat
www.fsc.org

FSC-Mix ist ein Siegel für Produkte, die zu mindestens 50 % aus Holz von FSC-zertifizierter Forstwirtschaft hergestellt werden. Anteile, welche nicht aus FSC-zertifizierter Herkunft stammen, müssen entweder Altpapier sein oder zumindest aus sogenannten *kontrollierten Quellen* kommen.[39]

Das heißt, dass keine Rechte verletzt wurden und dass das Holz nicht aus Regenwäldern stammen darf. Der Einsatz von Chemikalien, Chlor und die VOC-Emissionen sind nicht begrenzt oder eingeschränkt.[40]

39 Vgl. FSC Mix
40 Vgl. ebda.

Rainforest Alliance

Abb. 10: Rainforest Alliance Zertifikat
www.rainforest-alliance.org

Die Nichtregierungsorganisation *Rainforest Alliance* wurde 1987 gegründet und arbeitet international als Umweltschutzorganisation vor allem für sozial-, umwelt- und wirtschaftlich nachhaltige Farmen, Forstwirtschaft und Tourismus.[41]

Die Kennzeichnung darf für ein Produkt bereits ab einem Anteil von 30 % zertifizierten Inhalten verwendet werden. In diesem Fall muss jedoch deutlich gekennzeichnet werden, dass nur der Mindestanteil von 30 % erfüllt wurde. Mit der Verwendung des Kennzeichnens verpflichtet sich das Unternehmen dazu, konsequent auf die 100 % hinzuarbeiten.[42]

41 Vgl. Rainforest Alliance
42 Vgl. ebda.

Nordic Ecolabel (auch Nordic Swan)

Abb. 11: Nordic Ecolabel Zertifikat
www.nordic-ecolabel.org

Das nordische *Ecolabel* ist ein freiwilliges Lizenzsystem, gegliedert in 67 Produktgruppen, bei dem sich der Antragsteller dazu verpflichtet, bestimmte Kriterien hinsichtlich Umwelt, Qualität und Gesundheit einzuhalten.[43]

Bei Papieren gilt, dass mindestens 15 % des Holzes aus zertifizierter Forstwirtschaft stammen muss oder 50 % Altpapier bzw. Sägereststoffe verwendet werden. Es ist aber auch eine Kombination aus diesen beiden Vorgaben möglich. Außerdem darf nicht mit elementarem Chlor gebleicht werden. Das Problem beim *Nordic Ecolabel* ist, dass es für das restliche verwendete Holz keine Regelungen gibt.[44]

43 Vgl. Nordic Ecolabel
44 Vgl. ebda.

PEFC
(Programme for the Endorsement of Forest Certification Schemes)

Abb. 12: PEFC Zertifikat
www.pefc.org

„Der PEFC-Prozess wurde im August 1998 von skandinavischen, französischen, österreichischen und deutschen Waldbesitzern zusammen mit Vertretern der Holzwirtschaft initiiert.“ [45]

Es ist ein unabhängiges Waldbewirtschaftungs- und Waldzertifizierungssystem mit ökologischen, sozialen und ökonomischen Standards zur Sicherung und Verbesserung der nachhaltigen Waldbewirtschaftung. Das Zertifikat besagt, dass mindestens 70 % des verwendeten Holzes aus zertifizierter Forstwirtschaft stammen muss. Es besagt allerdings nichts über die Herkunft des restlichen Holzanteiles und die Herstellung des Papiers.[46]

45 PEFC, 2011
46 Vgl. PEFC

Europäisches Ecolabel (kurz Euroblume)

Abb. 13: Europäisches Umweltzeichen
www.ecolabel.eu

Das eigenverantwortlich, durch nationale Institute der Länder vergebene Kennzeichen wurde 1992 von der Europäischen Kommission eingeführt. Das Gütesiegel dient international zur Kennzeichnung von Verbrauchsprodukten und Dienstleistungen.[47]

Diese müssen besonders umweltverträglich sein und eine geringe Gesundheitsbelastung aufweisen. Das bedeutet für Papier, dass nur der Energieverbrauch und zum Teil der Einsatz von Chemikalien begrenzt, der Altpapieranteil aber völlig offen ist. Außerdem müssen nur 10 % der Primärfasern aus nachhaltiger Forstwirtschaft stammen und die VOC-Emissionen sind nicht beschränkt.[48]

47 Vgl. EU Ecolabel
48 Vgl. ebda.

Österreichisches Umweltzeichen

Abb. 14: Österreichisches Umweltzeichen
www.umweltzeichen.at

Das 1990 eingeführte *Österreichische Umweltzeichen* wird vom Lebensministerium vergeben. Erfüllt werden müssen diverse umfassende Anforderungen, welche von unabhängigen Experten geprüft werden.[49]

Für Recyclingpapier gibt es eigene Auflagen unter der Nummer UZ 18, welche besagen, dass das Papier zu 100 % aus Altpapier bestehen muss. Das Bleichen mit Chlor ist verboten, allerdings müssen zugesetzte Primärfasern nur zu 50 % aus nachhaltiger Forstwirtschaft stammen.[50]

49 Vgl. Österreichisches Umweltzeichen
50 Vgl. ebda.

Zertifikate für nachhaltiges Management

EMAS
(European Union's Eco-Management and Audit Scheme)

Abb. 15: EMAS Zertifikat
www.emas.de

„Das European Union's Eco-Management and Audit Scheme (EMAS) dient Unternehmen und Organisationen als Instrument zur Bewertung, Dokumentation und Weiterentwicklung ihres Umweltengagements." [51]

Die Kritiken an EMAS beziehen sich hauptsächlich auf den gestiegenen Verwaltungsaufwand durch die zyklische Dokumentation. Meist wird auf das sehr ähnliche ISO 14001 zurückgegriffen, weil das Zertifikat EMAS nur innerhalb der Europäischen Union Gültigkeit hat.[52]

51 Sherin 2009, S. 51.
52 Vgl. EMAS

ISO (International Organization for Standardization)

Abb. 16: ISO Zertifikat
en.wikipedia.org/wiki/ISO_14000
en.wikipedia.org/wiki/ISO_9000

Die ISO 9000 und ISO 14000 sind Standards im Bereich des Qualitäts- und Umweltmanagements. ISO 9000 steht für Kunden- und Unternehmenszufriedenheit.[53] ISO 14000 sind Normen im Bereich von Produktionsprozessen und Dienstleistungen, welche auf ein Umweltmanagementsystem abzielen.[54]

Allerdings steht das ISO Zertifikat 14001, dessen Schwerpunkt auf einem kontinuierlichen Verbesserungsprozess liegt, etwas in Verruf. In der ISO 14001 Norm gibt es keine klar definierten Anforderungen. Das Unternehmen verpflichtet sich, nach selbst gesetzten Zielen zu streben, ohne dass die ISO Norm eine tatsächliche Einhaltung verlangt.[55]

53 *Vgl. ISO 9000*
54 *Vgl. ISO 14000*
55 *Vgl. ISO 14001*

Weitere Zertifikate

C2C Zertifikat (Cradle to Cradle)

Abb. 17: C2C Zertifikat
www.mbdc.com

Die *Cradle to Cradle* Zertifizierung setzt sich aus fünf Kriterien zusammen. Diese sind ökologisch sicheres Material, welches auch recyclebar sein soll, die Nutzung erneuerbarer Energien, ein verantwortungsvoller Umgang mit Wasser sowie soziale Verantwortung. Das Zertifikat ist für ein Jahr gültig und es gibt vier verschiedene Typen von Zertifikaten: Basic, Silber, Gold und Platinum.[56]

56 Vgl. Braungart

Print CO_2 geprüft / Print CO_2 kompensiert

Abb. 19: Print CO_2 kompensiert

Abb. 18: Print CO_2 geprüft Zertifikat

http://www.druckmedien.at/de/druckbranche/klimainitiative/

Das Zertifikat *Print CO_2 geprüft* und *Print CO_2 kompensiert* wird von der Klimainitiative des Verbandes Druck & Medientechnik vergeben und der Geltungsbereich liegt zurzeit nur in Deutschland und Österreich. Mithilfe eines CO_2-Rechners werden die CO_2-Emissionen, welche mit dem Druckauftrag verbunden sind, berechnet.[57]

Die Teilnehmer am Projekt erhalten das Zertifikat *Print CO_2 geprüft*. Durch den Kauf von Emissionsminderungszertifikaten werden die CO_2-Emissionen kompensiert, was am Druckwerk dann mit *Print CO_2 kompensiert* gekennzeichnet wird.[58]

57 Vgl. Print Power
58 Vgl. ebda.

Zertifikate im Überblick

Name	*Österr. Umweltzeichen*
Geltungsbereich	*Österreich*
Altpapieranteil	*100 %*
Zertifizierte Forstwirtschaft	*oder mind. 50 %*
Chlorfrei	*ja*
Begrenzung Chemikalien	*ja*
Verbot bestimmter Chemikalien	*ja*
Ausschluss best. Chemikalien	*ja*
Begrenzung der VOC-Emissionen	*ja*
Begrenzung Energieverbrauch	
Begrenzung Wasserverbrauch	*ja*
Festgel. Gebrauchseigenschaften	*ja*
Nachweis durch	*eigene Zertifizierung*
Website	*www.umweltzeichen.at*

Nordic Ecolabel	*EU Ecolabel*	*Blauer Engel*
Skandinavien	*EU*	*Deutschland*
mind. 50 %	*nicht festgelegt*	*100 %*
mind. 15 %	*mind. 10 %*	*0 %, weil Altpapier*
ja	*ja*	*ja*
ja	*ja*	*ja*
ja	*ja*	*ja*
		ja
		ja
ja	*ja*	
ja		
	ja	*ja*
eigene Zertifizierung	*eigene Zertifizierung*	*eigene Zertifizierung*
www.nordic-ecolabel.org	*www.ecolabel.eu*	*www.blauer-engel.de*

Bei folgenden Zertifikaten ist nicht festgelegt:
Chlorfrei, Begrenzung schädlicher Chemikalien, Verbot bestimmter Chemikalien, Ausschluss bestimmter Chemikalien, Begrenzung der VOC-Emissionen, Begrenzung Energieverbrauch, Begrenzung Wasserverbrauch, festgelegte Gebrauchseigenschaften.

Name	*FSC Recycling*	*FSC 100 %*
Geltungsbereich	*weltweit*	*weltweit*
Altpapieranteil	*100 % / mind. 85 % PCW*	*0 %, weil Primärfasern*
Zertifizierte Forstwirtschaft	*0 %, weil Altpapier*	*100 %*
Nachweis durch	*externe Zertifizierung*	*externe Zertifizierung*
Website	*www.fsc.org*	*www.fsc.org*

FSC Mix	*Rainforest Alliance*	*PEFC*
weltweit	*weltweit*	*weltweit*
restlicher Anteil	*0 %, weil Primärfasern*	*0 %, weil Primärfasern*
mind. 50 %	*mind. 30 %*	*mind. 70 %*
externe Zertifizierung	*eigene Zertifizierung*	*eigene Zertifizierung*
www.fsc.org	*www.rainforest-alliance.org*	*www.ecolabel.eu*

Recyclingpapier

Recycling von einer Tonne Altpapier spart ungefähr: [59]

- 17 Bäume
- 26.500 l Wasser
- 318 l Erdöl
- 4.200 kW Energie
- 2,5 m^3 Müll
- 27 kg Partikeln

59 Vgl. Jedlička 2010, S. 262. (Übersetzung der Verfasserin)

Die Qualität von Recyclingpapier hat sich immer weiter verbessert, sodass es heutzutage keinen erkennbaren Unterschied zwischen Recyclingpapier und Primärpapier gibt. Recyclingpapier besteht überwiegend aus *pre-consumer waste* oder *post-consumer waste.*

Als *pre-consumer waste* werden Abfälle und Ausschusswaren aus dem Druck bezeichnet. Hingegen wird der Begriff *post-consumer waste* für den Papierabfall, nach der Nutzung der Druckerzeugnisse durch Konsumenten, verwendet. Die Reißfestigkeit und Qualität von Recyclingpapier kann und muss zum Teil durch die Beimischung von Primärfasern erhöht werden. Denn der Lebenszyklus einer Papierfaser ist nicht unbegrenzt, sie kann *„[...] im Allgemeinen nur bis zu sechsmal recycelt werden [...].“* [60]

Leider kann die Gesetzgebung auch leicht irreführend sein, denn bereits ein Papier, das aus 80 % Sekundärfasern besteht, darf als 100 % Recyclingpapier gekennzeichnet werden. Trotzdem ist die Wiederaufbereitung von Altpapier ressourcenschonender als die Herstellung von Primärpapier.[61]

60 Sherin 2009, S. 85.
61 Vgl. Umwelt-ABC

Ein besonderes Problem bei der Aufbereitung und Produktion von Altpapier stellen Stickies dar. Diese Fremdstoffe sind klebende Bestandteile von Haftetiketten, Klebeverbindungen etc. und können zum Papierbahnabriss führen oder lagern sich als Schaberschmutz an der Papieroberfläche ab. Sie mindern die Qualität eines Papiers. Doch laut Jürgen Blechschmidt liegt die Wirksamkeit der Stickieabtrennung durch ein Deinking-Flotationsverfahren bei 98 %.[62]

Auch wenn das Recycling von Altpapier Ressourcen einspart – ganz ohne Müll und Verschmutzung geht es nicht. Nach dem Deinkingprozess enthält der übriggebliebene Papierschlamm meist Verunreinigungen und gefährliche Chemikalien, weswegen der Abfall auch mit Sorgfalt behandelt werden sollte.

Des Weiteren können die Angaben des Begriffes *recycelt*, aber auch das Recyclinglogo irreführend sein. Denn es gibt weder Bestimmungen noch Standards für das Logo oder gar für den Begriff. Der einzig erkennbare Unterschied ist, ob das Produkt recyclebar ist oder aus Recyclingmaterial hergestellt wurde.

62 Vgl. Blechschmidt 2010, S. 186 f.

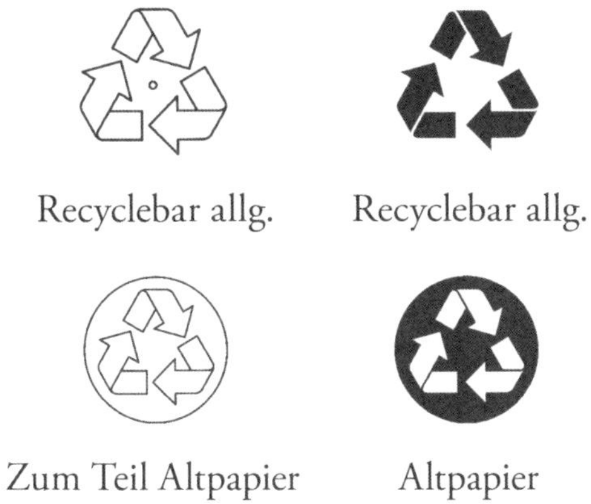

Abb. 20: Recycling-Symbole

Überdies werden auch holzfreies Papier und Naturpapier oft mit Recyclingpapier verwechselt. Doch weder holzfreies Papier noch Naturpapier haben etwas mit Recyclingpapier zu tun. Als holzfrei wird lediglich Papier definiert, das rein aus Zellstoffen hergestellt wurde und dessen Anteil an verholzten Fasern geringer als 5 % ist. Allerdings wird der verwendete Zellstoff meist aus Holz oder Textilfasern gewonnen. Naturpapier ist nur eine Bezeichnung für ungestrichenes Papier, das heißt Papier ohne Oberflächenversiegelung.

Alternatives Papier

Bei genauerer Betrachtung ist Holz möglicherweise nicht der ideale Grundstoff zur Papierherstellung. Denn Bäume benötigen Platz und brauchen lange, bis sie eine gewisse Größe haben, um zu Papier verarbeitet werden zu können.

Es gibt eine Menge an alternativen Materialien, aus denen Papier hergestellt werden kann. Angefangen von den Ernteresten beim Anbau von Weizen, Gerste, Reis, Hafer, Flachs, Mais, Kaffee, Knoblauch, Hanf, Tabak, Bananen, Mangos etc., welche normalerweise verbrannt werden. Aber auch die Stärke von Kartoffeln, Zuckerrohrbegasse, Bambus, Textilien, Maulbeerbaumrinde und -äste, Papyrus, Agave, Schilfrohr, Mineralien und Baumwolle können zu Papier verarbeitet werden. Vielversprechend sind die Ernteüberbleibsel, denn diese werden nicht extra angepflanzt, müssen nicht über lange Distanzen hinweg transportiert werden und werden normalerweise nicht weiterverwendet. Aber auch Hanf, Bambus, Baumwolle, Schilfrohr, Papyrus und Kenaf könnten echte Alternativen darstellen.[63]

63 Vgl. Sherin 2009, S. 88 f.

Das Problem bei diesen Pflanzen ist hauptsächlich, dass sie eigens angebaut und gedüngt werden müssen und zum Teil auch lange Distributionswege benötigen.

Nicht zu vergessen sind auch synthetische Papiere. Sie bestehen aus keinen Fasern, sondern aus Polypropylen. Am bekanntesten ist wohl William McDonough's Buch *Cradle to Cradle*, das ausschließlich aus synthetischem Papier hergestellt wurde. Zugegeben, es hat einige Vorteile, zum Beispiel ist es wasserfest und falls alle Papiere so produziert würden, ergäbe sich ein perfekter Recyclingzyklus. Allerdings wiegt synthetisches Papier meist mehr, das heißt, es werden höhere Transportkosten sowie mehr Emissionen in Kauf genommen. Außerdem lässt sich nicht von der Hand weisen, dass synthetisches Papier aus Plastik hergestellt und dieses wiederum aus Erdöl gewonnen wird.[64]

64 Vgl. Sherin 2009, S. 90.

„Auf den ersten Blick scheint der Verzicht auf pflanzliche Fasern bei der Papierherstellung der Schlüssel zur Lösung des Problems zu sein. Leider gibt es aber weder genügend recycelbares Altpapier, um die weltweite Nachfrage zu befriedigen, noch existiert eine andere Pflanze, deren Fasern sich derart für die Papierherstellung eignen wie das Holz von Bäumen. Für absehbare Zeit gibt es also keine Alternative für die Verwendung natürlicher Rohstoffe." [65]

65 Sherin 2009, S. 44.

Farben

Farben bestehen aus Pigmenten, Bindemitteln und Lösungsmitteln. Als Lösungsmittel können pflanzliche Öle, Wasser, aber auch das aus Erdöl gewonnene Petroleum verwendet werden.[66]

Die eigentliche Farbwirkung wird durch Pigmente erzeugt. Diese enthalten oftmals Schwermetalle. Durch Forschung und gesetzliche Auflagen[67] wurden viele der gefährlichen Schwermetalle, auch CAMALS (Cadmium, Arsen, Quecksilber, Antimon, Blei und Selen) genannt, aus der Farbproduktion verbannt. Doch besonders metallische oder fluoreszierende Farben enthalten normalerweise Kupfer und Zink. Warme Rottöne werden gewöhnlich mit einem Pigment namens Red Lake C erzeugt, das Barium enthält. Blau- und Grüntöne enthalten ebenfalls Kupfer.[68]

Pflanzliche Öle setzen weniger VOCs *volatile organic compounds*, frei als Petroleum und sind schlussendlich im Deinkingprozess auch leichter zu entfernen.

66 Vgl. Sherin 2009, S. 70.
67 Vgl. Druckereichemikalien
68 Vgl. Dougherty 2008, S. 113.

Wasser ist natürlich am umweltfreundlichsten, denn Farben auf Wasserbasis sind am leichtesten wieder zu entfernen und setzen keine VOCs frei. Farben auf Wasserbasis sind die nachhaltigsten Farben, die es zurzeit am Markt gibt, doch leider sind diese sehr selten.

Eine Alternative dazu sind VOC-arme Farben, es gibt sogar Null-VOC-Farben. Eine andere Möglichkeit ist der UV-Druck. Hier sind die Pigmente ebenfalls von einer Flüssigkeit umgeben und sobald sie dem UV-Licht ausgesetzt werden, härten diese aus.

Der Verzicht oder die Einschränkung von VOCs wirkt sich nicht nur positiv auf die Umwelt aus, sondern auch auf die Drucker, die tagtäglich mit den Farben arbeiten. Denn Farben, die VOCs enthalten, können gesundheitliche Schäden verursachen. Eine weitere Möglichkeit, um nachhaltiger zu drucken, ist es, sparsam mit Farben und vor allem Farbflächen umzugehen.

Druckverfahren & Endfertigung

Schon bevor ein Druckerzeugnis in Druck geht, gibt es bereits dutzende Probeausdrucke. Jeder Designer möchte natürlich Veränderungen auch zu Gesicht bekommen und das nicht nur am Bildschirm. Aber jeder sollte sich besser dreimal die Frage stellen, ob ein Probeausdruck zum jetzigen Zeitpunkt wirklich notwendig ist. Wenn unbedingt etwas zwischenzeitlich ausgedruckt werden muss, dann lässt sich die Rückseite des Ausdruckes noch immer wunderbar für Skizzen und Notizen verwenden.

Um sich überhaupt für ein passendes Druckverfahren entscheiden zu können, ist es wichtig, den Umfang und die Auflage des Druckerzeugnisses in Erfahrung zu bringen. Außerdem kann es hilfreich sein, sich schon früh mit der Druckerei in Verbindung zu setzen, um ausführlich über die Möglichkeiten der Produktion informiert zu sein und designtechnische Entscheidungen darauf abzustimmen.

Große Projekte (ab 50.000 Stück)

Offsetdruck ist ein weitverbreitetes indirektes Flachdruckverfahren. Beim Rollenoffsetdruck wird die Farbe mittels Drucktuchzylinder von der Druckform auf das Papier gebracht. Dazu wird ein Feuchtmittel (einzige Ausnahme bildet der wasserlose Offsetdruck) benötigt. Es gibt eine Reihe von Verfahrensausprägungen wie Coldset, Heatset, Bogen-, wasserloser Offset und UV-Offset.[69]

Im normalen Offsetdruck werden Unmengen an Wasser verbraucht. Hierbei liegt ein geschlossenes Kreislaufsystem mit Wiederaufbereitung nahe, das auch der Umwelt zugutekommt. Bei dieser Drucktechnik muss vor allem darauf geachtet werden, mit welchen Farben (VOC-arm oder Null-VOC-Farben) gedruckt und wie die Maschine wieder gesäubert (Reinigungsmittel auf Citrusbasis) wird. Der Offsetdruck eignet sich durch die rollenweise Verarbeitung von Papier vor allem für große Projekte. Beim wasserlosen Offsetdruck wird die Druckfarbe nur in einem bestimmten Temperaturbereich übertragen und es wird – wie der Name schon sagt – kein Wasser in der Produktion benötigt.

69 Vgl. Blechschmidt 2010, S. 501 f.

"Warren's Waterless Printing, Inc. talks about the environmental potential of this process on its Web site: www.warrenwaterless.com. [...] The Web site further states that the company's waterless printing helps it conserve an estimated 200,000 liters [...] of water annually. [...] Waterless printing requires a temperature-controlled inking system and thus use a great deal of electricity. Here, alternative energy as a part of the mix makes for a much better overall environmental impact reduction." [70]

Das Tiefdruckverfahren ist ein direktes Druckverfahren und eignet sich vor allem für große Auflagen, weil es spezielle Druckformen benötigt, in welche die zu druckenden Stellen eingeätzt oder eingraviert werden. Der Rakeltiefdruck wird vor allem für hochwertige Kataloge, Zeitschriften, Prospekte, Broschüren und Verpackungen verwendet. Es wird mittels spezieller Rollenrotationsmaschinen auf eine Papierrolle gedruckt. Weiters gibt es den Bogenrotationstiefdruck, dieser wird meist zur Veredelung, wie beispielsweise bei Golddrucken, eingesetzt. Aber auch Etiketten und Verpackungen können mit diesem Druckverfahren bedruckt werden.[71]

70 Jedlička 2010, S. 345 f.
71 Vgl. Gevatter/Siegle 2010, S. 76.

Mittlere Projekte (von 1.000 – 50.000 Stück)

Für den Bogenoffsetdruck ist es kennzeichnend, dass er nicht mit einer Papierrolle druckt, sondern mit einzelnen Papierbögen. Damit ist er interessant für mittlere Auflagen.

Eine weitere Möglichkeit ist der UV-Offsetdruck mit seiner integrierten Druck- und Farbtechnologie. Er ist eine Sonderform des Offsetdruckes. Es wird mit UV-Farben gedruckt, welche durch UV-Lampen sehr schnell aushärten. Nachteilig wirken sich der hohe Energieaufwand durch die UV-Lampen, sowie die Notwendigkeit spezieller Schutzmaßnahmen aus.[72]

Eine Alternative bei mittleren bis großen Projekten ist der Flexodruck. Bei diesem direkten Hochdruckverfahren werden nicht zu druckende Bereiche ausgewaschen. Das Spezielle des Flexodruckes sind die runden Druckformen. Damit können auch weiche Materialien wie Wellpappe oder Folien bedruckt werden. Allerdings sind die Druckfarben beim Flexodruck bei der späteren Aufbereitung beim Deinkingprozess nur sehr schwer zu entfernen.[73]

72 Vgl. Walenski 1994, S. 219.
73 Vgl. Gevatter/Siegle 2010, S. 74.

Kleine Projekte (unter 1.000 Stück)

Der Digitaldruck arbeitet entweder mit Laserdruckern oder mit Tintenstrahldruckern, welche mit lösungsmittelhaltigen Farben drucken. Bei den Laserdruckern gibt es zwei verschiedene Möglichkeiten zum Farbauftrag. Zum einen mit einem Toner, zum anderen durch temperaturempfindliche Farbpigmente, die durch Hitze auf das Papier übertragen werden. Diese Druckverfahren eignen sich vor allem für kleinere Projekte. Allerdings ist anzumerken, dass der Toner beim späteren Deinkingprozess nur schwierig wieder zu lösen ist.[74]

Weitere Möglichkeiten bieten der Buchdruck bzw. Hochdruck oder auch Letterpress. Hier liegen die zu druckenden Bereiche erhöht und genau wie beim Flexodruck werden die nicht zu druckenden Bereiche ausgewaschen.[75] Leider ist das Druckhandwerk Letterpress nur noch schwer zu finden. In Graz ist dieses Druckverfahren von Infinitiv, gemeinsam mit der Factory und mit Unterstützung der Druckerei Khil wiederbelebt worden.

nähere Informationen unter: www.the-if.at

74 Vgl. Blechschmidt 2010, S. 507 ff.
75 Vgl. Gevatter/Siegle 2010, S. 72.

Endfertigung

Nach dem Druck geht es in die Weiterverarbeitung und Bindung. Auch hier gibt es verschiedenste Möglichkeiten, ein Druckwerk nachhaltig fertigzustellen.

Maschinelle Bindungen sind beim Recyclingprozess am leichtesten zu entfernen. Es gibt eine Vielzahl an unterschiedlichen Ausformungen wie beispielsweise die Heftklammerbindung, die Rückstichheftung mit Drahtklammern, die Seitstichheftung und auch die Spiralheftung. Eine Heftklammerbindung ist am einfachsten wieder zu entfernen, allerdings entspricht das nicht immer der gestalterischen Intention.[76]

Bei der Klebebindung hält ein Kleber die Kanten am Rücken des Druckwerkes zusammen. Hier ist zu unterscheiden, welcher Kleber für die Verbindung verwendet wird. PVA (Polyvinylacetat) ist zwar ein auf Wasser basierender, aber auch aus Petroleum hergestellter Kleber, der bei Raumtemperatur aufgetragen wird. PUR (Polyurethan) ist ein nicht wasserlöslicher Schmelzklebstoff, der als Premium-Bindemittel gilt und beim Recyclingprozess durch das

76 Vgl. Gevatter/Siegle 2010, S. 104 f.

Deinking herrausgefiltert wird. EVA (Ethylenvinylacetat) wird auch bei Heißklebepistolen eingesetzt. Der einzige Nachteil bei EVA ist, dass der Kleber beim Erhitzen weich wird und so zum Problem beim Recycling werden kann [77] (siehe S. 56 Recyclingpapier – Stickies).

Mittlerweile können auch UV-Versiegelungen zu 100 % wasserlöslich und ungiftig produziert werden. Da dies allerdings nicht überall möglich ist, sollten zuerst Informationen eingeholt werden. [78]

Jeder Designer kann sich an einen Druckagenten, eine Druckerei, Papierhersteller bzw. Papierhändler wenden, falls er selbst nicht die Gelegenheit hat, sich ausreichend über die Möglichkeiten eines nachhaltigen Druckes zu informieren. Einige der Druckagenten, Druckereien, Papierhersteller und Papierhändler haben sich sogar auf grünen oder nachhaltigen Druck spezialisiert.

77 Vgl. Gevatter/Siegle 2010, S. 106 ff.
78 Vgl. Sherin 2009, S. 71.

Probleme & Schwierigkeiten

Es gibt eine Vielzahl von Gründen, warum Kunden nachhaltige Druckwerke bevorzugen sollten, was aber noch lange nicht heißt, dass sie dies auch tun.

Nicht jeder Kunde ist von den Vorteilen nachhaltiger Druckwerke überzeugt, daher bedarf es Geduld und Überzeugungskraft, um zumindest den Anstoß in Richtung Nachhaltigkeit zu erreichen. Es reicht auch nicht, als Designer das Thema einfach nur kurz zu erwähnen, da bedarf es schon Fakten, um den Kunden dafür zu gewinnen.

Brian Dougherty schrieb dazu in seinem Buch *Green Graphic Design* Folgendes:

"The problem is that whenever designers try to do anything out of the ordinary in the real world, we encounter roadblocks. […] These roadblocks are very real and be VERY frustrating. In many ways, our success as green designers is defined by how effectively we learn to get past these roadblocks. The good news is that all of these challenges are surmountable. We simply need to look more closely at the roadblocks, figure out where they come from, and develop strategies to help us avoid them." [79]

79 Dougherty 2008, S. 44 ff.

Kunden überzeugen?

Eigentlich sollte es nicht sonderlich schwierig sein, einen Kunden von nachhaltigem Design zu überzeugen, denn es bietet viele Vorteile. Ein möglicher Beginn wäre, dem Kunden die Frage zu stellen, wofür sein Unternehmen steht. Schnell werden einige Punkte ins Auge springen, welche vielleicht das Eis brechen und den Kunden von nachhaltigen Druckerzeugnissen überzeugen können. Laut Eric Besson, Dozent für Grafikdesign an der University of Illinois und Gründer von re-nurish.com, gibt es drei essentielle Fragen, die sich Designer und Kunden stellen sollten, und zwar:

„Vermittelt das geplante Druckwerk die gewünschte Botschaft am besten?

Welche Auswirkungen hat das Druckwerk auf die Umwelt?

Wie können diese Auswirkungen möglichst gering gehalten werden?“ [80]

80 Sherin 2009, S. 19.

Die meisten Menschen streben danach, das *Richtige* zu tun, daher sind Eric Bressons Fragen möglicherweise auch der richtige Weg, um Kunden zum Nachdenken anzuregen. Schließlich fördert nachhaltiges Handeln den Wert, aber vor allem auch das Image eines Unternehmens und eines Produkts. Ein Unternehmen vermittelt in seinem Außenauftritt, ob durch Öffentlichkeitsarbeit, Werbung, Verpackung etc., gewisse Werte und diese Werte verleiten den Endverbraucher dazu die Erzeugnisse zu kaufen.

Egal ob es sich um firmeninterne oder firmenexterne Druckwerke handelt, Nachhaltigkeit setzt ein Zeichen des Bewusstseins – von Weitblick und vor allem von Qualität. Fast alle Unternehmen haben in ihrem Leitbild einen Punkt, bei dem es um soziale Verantwortung geht. Warum diesen nicht erweitern und ökologische Verantwortung miteinschließen?

Es gibt viele triftige Gründe für nachhaltige Druckwerke, aber ein allgemeingültiges Rezept, wie der Kunde am besten mit dem Thema Nachhaltigkeit vertraut und schließlich auch davon überzeugt wird, gibt es leider nicht.

Ein zusätzlicher Punkt ist, wenn das Unternehmen auch nachhaltig agiert. Sozusagen ein nachhaltiges Prinzip verfolgt und daher nicht nur bei der Produktion von Druckwerken, sondern auch bei sich selbst versucht, nachhaltig zu handeln.

Schließlich wächst das Interesse der Konsumenten nicht nur für nachhaltig hergestellte Produkte, sondern auch bei nachhaltiger Unternehmensführung. Dabei kommt es nicht nur darauf an, dass die Verpackung nachhaltig produziert wurde, sondern auch auf die Distribution und natürlich ebenso auf den Inhalt sowie den Umgang mit Abfällen. Bei jedem Produkt gibt es Möglichkeiten, Nachhaltigkeit bei der Produktion zu berücksichtigen. Es bedarf meist eines Umdenkens und einer Suche nach neuen Lösungen, Materialien und Produktionsprozessen – aber es lohnt sich.

Auch die soziale Verantwortung, insbesondere bei den Mitarbeitern, sollte nicht vergessen werden. Denn auch unternehmensintern ist es wichtig, dass Angestellte mithilfe von Schulungen und Weiterbildungen auf den bewussten Umgang mit Ressourcen hingewiesen werden und damit voll und ganz hinter ihrem Unternehmen stehen können.

In der Studie von *Cone Communications 2011* ist sehr gut sichtbar, welche Rolle Kunden Unternehmen in der Gesellschaft zuschreiben:

31 %

finden, dass Unternehmen die Art, wie sie arbeiten, hinsichtlich sozialer und ökologischer Bedürfnisse ändern sollten.

30 %

finden, dass Unternehmen sich größerer Probleme annehmen sollten, mithilfe von Spenden, Arbeitszeit, sowie durch ein Umdenken in der Gesellschaft.

20 %

finden, dass Unternehmen sich um größere Probleme kümmern sollten mithilfe von Spenden und Arbeitszeit.

13 %

finden, dass Unternehmen nur eine begrenzte Rolle in der Gesellschaft spielen.

6 %

finden, dass Unternehmen nur Geld verdienen wollen.[1]

1 Vgl. Cone Opportunity Study 2011, S. 5. (Übersetzung der Verfasserin)

Somit erhalten Firmenchef(s), Angestellte und vor allem Endverbraucher die Möglichkeit, nach dem Motto *unserer Umwelt zuliebe* zu handeln.

Ein weiterer Vorteil von nachhaltigen Produkten ist deren längere Lebensdauer. Es gibt auch hin und wieder die Möglichkeit, einen Artikel, der am Ende seines Produktlebens steht, wieder der Firma zurückzugeben, sodass dieser wieder in den Produktionszyklus eingeführt werden kann. Eine nachhaltige Unternehmensführung ist auch sozial verantwortungsvoll. Wenn sich Mitarbeiter in einem Unternehmen gerecht behandelt und vor allem wohlfühlen, bleiben diese meist länger. Das heißt, es entfallen Einarbeitungskosten und die Mitarbeiter sind auch meistens bereit, mehr für ihr Unternehmen zu leisten. Oft bekommt ein Unternehmen durch die Umstellung auf eine nachhaltige Produktion auch die Möglichkeit, in neue Märkte einzusteigen und neue Wege einzuschlagen. Vor allem muss ein nachhaltiges Unternehmen nichts verschleiern und kann Informationen offenlegen, denn selbst die Emissionen sehen unter Einbeziehung der früheren Daten gut aus und schließlich wird weiterhin daran gearbeitet. Transparenz, Kommunikation und Informationsweitergabe an den Kunden leisten die beste Öffentlichkeitsarbeit.[81]

81 Vgl. Sherin 2009, S. 28.

Mehr Kosten?

Die Kostenfrage ist schwierig zu beantworten. Das hängt davon ab, in welcher Stückzahl, mit welchem Druckverfahren und vor allem wo produziert wird. Denn im Vergleich zu dem billigsten Papier, produziert in großen Massen in Billiglohnländern, ist die nachhaltige Alternative sicherlich teurer. Ist bisher in einigermaßen guter oder sogar hoher Qualität im eigenen Land produziert worden, bleiben die Kosten meist gleich, wenn sich der Kunde nicht sogar etwas dabei erspart.

Selbst wenn ein nachhaltiger Druck Mehrkosten verursacht, sind diese wiederum durch ökologische Vorteile gerechtfertigt und möglicherweise können mithilfe von Informationsweitergabe damit mehr Kunden angesprochen werden.

Schlechte Qualität?

Es gibt eine Vielzahl an Mythen, die sich um die schlechte Qualität von Recyclingpapieren ranken. Angefangen damit, dass Recyclingpapier sofort erkennbar ist, weil es gräulich und schwieriger zu bedrucken ist.

Dieser Mythos hatte vielleicht vor ein paar Jahrzehnten noch Berechtigung, doch mittlerweile ist Recyclingpapier nicht mehr von Primärpapier zu unterscheiden und durch die verbesserten Deinking-Methoden ist auch die gräuliche Verfärbung so gut wie verschwunden. Außerdem ist für das menschliche Auge der geringere Kontrast von nicht hochweißem Recyclingpapier beim Lesen angenehmer und weniger anstrengend. Auch das Bedrucken hat sich wesentlich vereinfacht und dem Druckverhalten von Primärpapieren angeglichen. Keine Sorgen sind mehr vonnöten, dass die Farben dumpfer erscheinen und untergehen könnten.

Ein weiterer Mythos ist, dass Recyclingpapiere durch ihre schlechte Qualität sogar die Druckmaschinen schädigen. Für dieses Problem ist die schlechte Schnittkantenqualität, insbesondere bei billigen Papieren, verantwortlich. Eine Folge davon ist die Verstaubung der Druckmaschine.

Praxis

Überzeugungsarbeit

Den Ausgangspunkt in der Printbranche bildet immer der Kunde, welcher einen bestimmten Auftrag vergibt. Egal ob Druckerei oder Designer, alle haben bestimmte Vorgaben zu erfüllen. Doch meist umfassen die Vorgaben nicht, auf welchem Papier und mit welcher Drucktechnik das in Auftrag gegebene Druckwerk produziert werden soll. Das Format wird oft bereits vorgegeben, doch selbst das lässt sich vielfach noch ändern, wenn der Kunde weiß, dass er sich durch eine leichte Formatänderung einiges sparen könnte.

Doch wie lässt sich herausfinden, welchen Weg der Kunde gehen will? Einfach direkt fragen, ob er nachhaltig drucken will oder es einfach voraussetzen? Vor allem aber, wie weit gehen? Selbst kleine Schritte sind besser als keine und es gibt viele unterschiedliche Möglichkeiten und Eckpunkte, wo angesetzt werden kann.

Massnahmen als Designer

Die traditionelle Rolle eines Designers entwickelt und verändert sich, ein Weitblick für Businessstrategien und Marketing sollte vorhanden sein. Sich im Materialdschungel zurechtzufinden, sowie in der Produktion als auch in der Distribution, ist eine weitere Herausfoderung.

Grundsätzliches !

Bevor es an das Design geht, sind noch einige Aspekte zu berücksichtigen. Zum einen die Entscheidung, um welche Art von Druckwerk es sich handeln soll. Zum anderen sind aber auch Überlegungen anzustellen, wo das Druckwerk enden wird, und nicht zu vernachlässigen ist der Materialeinsatz, denn je mehr Materialien verwendet wurden, desto schwieriger ist die Wiederaufbereitung. Das Gewicht des verwendeten Papiers und der Umfang des Druckwerkes sind ebenfalls zu berücksichtigen, bekanntermaßen beeinflussen diese Faktoren die Distribution und somit die Emissionswerte. Erst jetzt ist der nächste Schritt das Design. Aber auch in dieser Disziplin gibt es in puncto Nachhaltigkeit einige Aspekte, die zu beachten sind, damit sie nicht zu Stolpersteinen werden. Der Anfang kann sein, dass bereits bedrucktes Papier für Skizzen und Notizen wiederverwendet wird. Auch eine bewusste Entscheidung, welche Entwurfsschritte als Ausdruck benötigt werden, hilft bei der Papiereinsparung.

Format

Das Format und damit die optimale Ausnutzung des Druckbogens hängt davon ab, auf welcher Druckbogengröße produziert wird und wie groß der maximale Druckbereich ist. Denn die Druckbogengröße ist nicht gleichzusetzen mit den gängigen DIN-Formaten. Daher ist es sinnvoll, sich rechtzeitig mit der Druckerei in Verbindung zu setzen und Informationen diesbezüglich einzuholen.

Vergleich DIN-Formate mit Rohbogen in mm [82]

	DIN	ROHBOGEN
A0	841 x 1.189	860 x 1.220
A1	594 x 841	610 x 860
A2	420 x 594	430 x 610
A3	297 x 420	305 x 430
A4	210 x 297	215 x 305

82 Vgl. Papierberechnung

Farb- und Bildeinsatz

Bei der Auswahl von Farben sollte insbesonders auf metallische und fluoreszierende Farben verzichtet werden (siehe S. 63 Farben). Aber auch Überlegungen bezüglich der Bildanzahl sollten angestellt werden und ob diese wirklich in Farbe benötigt werden oder ob nicht vielleicht ein Graustufenbild vollkommen ausreicht. Von Anfang an sollte auch die Schriftfarbe mitbedacht werden. Wird ein 100-prozentiges Schwarz benötigt oder reicht ein 70-prozentiges aus? Was Farbflächen betrifft, sollten auch diese bewusst eingesetzt werden und nicht mehr als wirklich benötigt. Denn große Farbflächen verbrauchen mehr Druckfarbe, und je mehr Druckfarbe verwendet wurde, desto mehr Chemikalien werden zum Deinking benötigt. Falls es nicht möglich ist, Farben zu umgehen und auf nicht hochweißem Recyclingpapier gedruckt wird, können die Farben auch mithilfe von Farbprofilen umgerechnet werden, um so trotzdem ein optimales Farbergebnis zu erzielen.

Schrifteinsatz

AA

Bei der Schriftauswahl trifft jeder Designer nicht nur eine markante Entscheidung über das Layout, sondern auch über den Umfang des Druckwerkes und den Farbverbrauch. Fette Schriften benötigen mehr Farbe und breite Schriften benötigen mehr Platz als dünne Schriften.

Hier ist anzumerken, dass es einen eigenen *Ecofont* gibt, dieser ist regelrecht durchlöchert und soll so bis zu 50 % an Farbe einsparen. Doch so ganz stimmt das nicht, denn beim Druck mit handelsüblichen Druckern leidet schon bei unter 10 pt die Lesbarkeit unter den Löchern und beim Einsatz der Schrift mit 16 pt sind die Löcher schon klar erkennbar. Außerdem ist die *Ecofont* eine durchaus fette Schrift, sie benötigt daher mehr Platz und verbraucht somit mehr Seiten als eine normale Serifenschrift.

Vergleich „Ecofont Vera Sans" mit „Adobe Garamond Pro":

Beispieltext in 8 pt

Beispieltext in 8 pt

Beispieltext in 16 pt

Beispieltext in 16 pt

Beispieltext 32 pt

Beispieltext 32 pt

nähere Informationen unter:
www.ecofont.com

Layout

Als Designer ist einem bewusst, dass Weißraum benötigt wird, damit ein Layout wirken kann. Alles mit Maß und Ziel – es geht nicht darum, dass die Schrift möglichst klein mit einem sehr geringen Zeilenabstand verwendet wird und so weit wie möglich zum Rand verläuft. Es geht um einen ganz bewussten Umgang mit dem zu layoutenden Inhalt und den zur Verfügung stehenden Platz. Je weniger Papier verbraucht wird, desto besser, auch für den Kunden. Denn weniger Papier ist meist gleichzusetzen mit weniger Gewicht, was wiederum weniger Distributionskosten bedeutet, aber auch einen verminderten CO_2-Ausstoß bei der Distribution.

Beim abfallenden Druck, also wenn der Druckbereich bis an den Rand der Seite reicht, muss über den Rand hinaus gedruckt werden, um weiße Blitzer zu vermeiden. Hierbei fällt natürlich einiges an Verschnitt an, sodass sich ein Designer vorher überlegen sollte, ob wirklich randlose Bilder, Grafiken oder Farbflächen vonnöten sind.

Massnahmen vor dem Druck

Papiergewicht

Es mag vielleicht auf den ersten Blick keine große Rolle spielen, ob ein Papier zum Beispiel 80 g oder 100 g hat. Allerdings aufgerechnet auf das gesamte Druckwerk und die gesamte Stückzahl, insbesondere, wenn auch das Gesamtgewicht beim Transport berücksichtig wird, spielt die Papiergrammatur eine zentrale Rolle. Was natürlich auch für die Papierwahl des Umschlages gilt. Abgesehen von dem geringeren Rohstoffaufwand werden auch die CO_2-Emissionen dadurch verringert sowie die Transportkosten gesenkt. Denn die Verwendung von dünnerem Papier ist gleichzusetzen mit einem dünnerem Druckwerk, was wiederum bedeutet, dass mehr Druckwerke auf einmal transportiert werden können.

Papierzertifikate

Bei der Papierauswahl ist auf angegebene Zertifikate zu achten und diesen nicht blind zu vertrauen. Es ist besser, die Zertifikate des gewählten Papiers nochmals zu überprüfen, bevor in dem Druckwerk auf das zertifizierte Papier hingewiesen wird.

Ausnutzen des Druckbogens

Wenn es sich nicht vermeiden lässt, dass der Druckbogen nicht ganz ausgenutzt wird, können zusätzliche Druckwerke darauf gedruckt werden, wie beispielsweise Visitenkarten, Flyer etc., um den leeren Platz auszufüllen und den Verschnitt zu verringern.

Zusammenfassung

! *Das Wichtigste zuerst:*

- ein ausgereiftes Konzept
- den Kunden überzeugen
- Auflagenreduktion bedenken
- bereits bedrucktes Papier für Notizen nutzen

Beim Format beachten:

- Auflage bestimmt das Druckverfahren – kann das Format einschränken
- Verschnitt vermeiden – Format überdenken und gegebenenfalls ändern

Beim Layout beachten:

- bewusster Einsatz von Farben
- Schrifteinsatz bestimmt den Papierverbrauch – lieber dünn als fett
- Verzicht auf metallische und fluoreszierende Farben
- Weißraum bewusst einsetzen
- abfallende Bilder und Farbflächen bewusst einsetzen

Bei Papierauswahl beachten:

- weniger Gewicht = weniger Emissionen bei der Distribution
- 100 %-iges Recyclingpapier
- Papier mit 20 % Altpapieranteil besser als Primärfaserpapier
- Zertifikate überprüfen

Vor dem Druck beachten:

- Je nach Auflage, vielleicht besser mehrmals lokal drucken als einmal lokal drucken und mehrmals um den Erdballen schicken
- Druckbogen ausnutzen

Bei Druckerei beachten:

- Arbeitsbedingungen
- Wasserkreislauf
- Reinigungsmittel

Bei Endfertigung beachten:

- Maschinelle Bindungen sind am leichtesten zu entfernen
- wenn Klebebindung, dann am besten PUR (Polyurethan)

Wichtige Begriffe

Deinking
Die Druckfarbenentfernung im Recyclingprozess.

ECF (elementary chlorine free)
Anstatt des veralteten Verfahrens mit elementarem Chlor wird bei diesem Bleichungsverfahren Chlordioxid eingesetzt, um den Zellstoff zu bleichen. Dadurch entstehen beim Bleichen keine giftigen Verbindungen mehr.

Holzfreies Papier
Rein aus Zellstoff hergestelltes Papier, dessen Anteil an verholzten Fasern geringer als 5 % ist.

Holzhaltiges Papier
Papier aus Zellstoff, dessen Anteil an verholzten Fasern größer als 5 % ist.

Lignin
Füllstoff zwischen den Zellwänden von Holz; für Druckfestigkeit und das Vergilben verantwortlich.

Mischfaserpapier
Papier, das aus Primär- und Sekundärfasern besteht.

Nachhaltige Forstwirtschaft
Ein Bewirtschaftungsprinzip zur Bewahrung des Waldbestandes. Es wird nicht mehr Holz geschlagen, als nachwächst. Frei geschlagene Flächen werden wiederaufgeforstet.

Naturpapier
Ungestrichenes Papier, das heißt Papiere mit nicht versiegelter Oberfläche.

PCF (processed chlorine free bleaching)
Steht für Recyclingpapier, das nur aus ungebleichten oder TCF-gebleichten Materialien besteht. Zusätzlich hinzugefügte Primärfasern dürfen nur TCF-gebleicht sein.

PCR (post-consumer recycled)
Nach dem Gebrauch recyceltes Material.

PCW (post-consumer waste)
Material nach dem Gebrauch durch Endverbraucher – siehe PCR.

Primärfaserpapier
Papier, dessen Zellstoff direkt aus Holz gewonnen wird.

Recyclingpapier
Papier aus 100 % Sekundärfasern.

Sekundärfaserpapier
Papier, dessen Zellstoff durch die Aufbereitung von Altpapier gewonnen wird.

Stickies
Klebende Bestandteile im Altpapier von Haftetiketten, Klebebindungen oder Ähnlichem.

TCF (totally chlorine free)
Bezeichnet ein Bleichungsverfahren von Zellstoff von Primärfasern mit Wasserstoffperoxid oder Ozon.

TEF (totally effluent free)
Bezeichnet ein abwasserfreies Zellstoff- und Papierherstellungsverfahren in einem geschlossenen Kreislaufsystem.

VOC (volatile organic compounds)
Ist die Abkürzung für flüchtige organische Verbindungen.

Zellstoff
Aus Holz durch chemische Verfahren gewonnene Pflanzenfasern.

Schlusswort

Fazit

Es gibt kein Patentrezept für nachhaltige Printerzeugnisse. Nachhaltigkeit ist besonders in der Printbranche durch den Einfluss vieler Faktoren ein weit dehnbarer Begriff. Es geht um einen verantwortungsvollen Umgang mit den verfügbaren Ressourcen. Dadurch sollte sich jeder Designer verpflichtet fühlen, sich in Zusammenarbeit mit Druckereien, Papierherstellern und Farbproduzenten Informationen einzuholen und diese zur Weiterbildung zu nutzen.

Natürlich ist es nicht immer einfach, auch den Kunden davon zu überzeugen. Letztendlich ist es aber die Mühe wert, denn es ist ein gutes Gefühl zumindest einen kleinen Beitrag zum Erhalt unseres Ökosystems leisten zu können.

Gleichheitsgrundsatz

Aus Gründen der Lesbarkeit wurde in dieser Arbeit darauf verzichtet, geschlechtsspezifische Formulierungen zu verwenden. Ich möchte jedoch ausdrücklich festhalten, dass die maskuline Form für beide Geschlechter zu verstehen ist.

Danke

An dieser Stelle möchte ich mich bei Catherine Rollier und auch Tammo Trantow herzlichst für die hilfreiche Betreuung und Unterstützung bedanken. Ebenso danke ich meinen Eltern, meiner Schwester sowie meinem Freund, die mich bei dieser Arbeit mit Rat und Tat unterstützt haben. Bedanken möchte ich mich ebenfalls bei dem Papiermuseum Steyrermühl, der IF Factory, der Druckerei Khil, der Werbeagentur Kufferath sowie bei Ruth Scheuer und bei Andrea Gritsch, die der Arbeit die letzten Fehler ausgetrieben haben.

Quellenverzeichnis

Literaturverzeichnis

Blauer Engel =
RAL GmbH (Hrsg.): Der Blaue Engel: Der Blaue Engel – Umweltzeichen mit Markenwirkung. In: http://www.blauer-engel.de/de/blauer_engel/index.php (zuletzt aufgerufen am 01.01.2012)

Blauer Engel RAL-UZ 14 =
RAL GmbH (Hrsg.): Der Blaue Engel: RAL-UZ 14. Recyclingpapier. In: http://www.blauer-engel.de/de/produkte_marken/vergabegrundlage.php?id=169 (zuletzt aufgerufen am 01.01.2012)

Blechschmidt 2010 =
Blechschmidt, Jürgen: Taschenbuch der Papiertechnik. München: Carl Hanser Verlag 2010

Braungart =
Braungart, Michael (Hrsg.): Die Cradle to Cradle©-Zertifizierung. In: http://www.braungart.com/c2c_certificationDE.htm (zuletzt aufgerufen am 14.01.2012)

Cone Opportunity Study 2011 =
Cone Communications (Hrsg.) [2011]: 2011 Cone/Echo Global CR Opportunity Study. In: http://www.coneinc.com/stuff/contentmgr/files/0/2fcb9351e2bea95addb6c4413bcf39a4/files/2011_cone_echo_cr_opportunity_study.pdf (zuletzt aufgerufen am 02.11.2011)

Cone Trend Tracker 2011 =
Cone Communications (Hrsg.) [2011]: 2011 Green Gap Trend Tracker. In: http://www.coneinc.com/stuff/contentmgr/files/0/2b06eda8bc17be5d656bfda12c153dd7/files/2011_cone_green_gap_trend_tracker_press_release_and_fact_sheet_final.pdf (zuletzt aufgerufen am 02.11.2011)

Duden 1 =
Duden (Hrsg.): Nachhaltigkeit, die. In: http://www.duden.de/rechtschreibung/Nachhaltigkeit (zuletzt aufgerufen am 04.01.2012)

Duden 2 =
Duden (Hrsg.): nachhaltig. In: http://www.duden.de/rechtschreibung/nachhaltig (zuletzt aufgerufen am 04.01.2012)

Druckereichemikalien =
Baumann, Werner/Rothardt, Thomas [1999]: Druckereichemikalien – Daten und Fakten zum Umweltschutz. 2. überarbeitete und ergänzte Auflage. In: http://books.google.at/books?id=F5CS7GhguNgC&dq=Ausschlussliste+Druckfarbenherstellung&hl=de&source=gbs_navlinks_s S.245 (zuletzt aufgerufen am 01.01.2012)

Dougherty 2008 =
Dougherty, Brain/Celery Design Collaborative: Green graphic design. New York: Allworth Press 2008

Gevatter/Siegle 2010 =
Gevatter, Annette/Siegle, Annette: Druckreif. Ein Begleiter durch Vorstufe, Veredelung und Verarbeitung. Komplett überarbeitete Neuausgabe. Ludwigsburg: avedition GmbH 2010

EMAS =
Die Verbraucher Initiative e.V. (Hrsg.): EMAS (EG-Öko-Audit-Verordnung). In: http://www.label-online.de/managementstandards/managementstandards-auf-wwwlabel-onlinede/branchenuebergreifend/emas-ii-eg-oeko-audit-verordnung (zuletzt aufgerufen am 01.01.2012)

EU Ecolabel =
Die Verbraucher Initiative e.V. (Hrsg.): Europäisches Umweltzeichen (Kopierpapier). In: http://www.label-online.de/label-datenbank?label=383 (zuletzt aufgerufen am 01.01.2012)

FSC 100 % =
Die Verbraucher Initiative e.V. (Hrsg.): FSC Pure (Papier). In: http://www.label-online.de/label-datenbank?label=530 (zuletzt aufgerufen am 01.01.2012)

FSC Mix =
Die Verbraucher Initiative e.V. (Hrsg.): FSC Mix (Papier). In: http://www.label-online.de/label-datenbank?label=531 (zuletzt aufgerufen am 01.01.2012)

FSC Recycling =
Die Verbraucher Initiative e.V. (Hrsg.): FSC Recycling (Papier). In: http://www.label-online.de/label-datenbank?label=532 (zuletzt aufgerufen am 01.01.2012)

Global Footprint Network 2011 =
Global Footprint Network [2011]: World Footprint. Do we fit on the planet? In: http://www.footprintnetwork.org/en/index.php/GFN/page/world_footprint/ (zuletzt aufgerufen am 01.11.2011)

ISO 14000 =
o.V. In: http://de.wikipedia.org/wiki/ISO_14000
(zuletzt aufgerufen am 01.01.2012)

ISO 14001 =
o.V. In: http://de.wikipedia.org/wiki/ISO_14001
(zuletzt aufgerufen am 01.01.2012)

ISO 9000 =
o.V. In: http://de.wikipedia.org/wiki/Qualitätsmanagementnorm
(zuletzt aufgerufen am 01.01.2012)

Jahresbericht der Papierindustrie 2010 =
Austropapier (Hrsg.): Papier aus Österreich. Jahresbericht der Papierindustrie 2010. In: http://www.austropapier.at/fileadmin/Austropapier/Dokumente/JB_2010/JB_gesamt_2010.pdf (zuletzt aufgerufen am 09.12.2011)

Jedlička 2010 =
Jedlička, Wendy (Hrsg.): Sustainable Graphic Design. Tools, Systems and Strategies for Innovative Print Design. New Jersey/Canada: John Wiley & Sons, Inc. 2010

Lebensministerium 2008 =
Lebensministerium IV/3 [2008]: Definition *Nachhaltige Waldbewirtschaftung*. In: http://www.lebensministerium.at/forst/oesterreich-wald/nachhaltigkeit.html (zuletzt aufgerufen am 02.11.2011)

Nachhaltigkeitsrechner =
IPR – Initiative Pro Recyclingpapier (Hrsg.): Nachhaltigkeitsrechner. In: http://www.papiernetz.de/index.php?page_id=29 (zuletzt aufgerufen am 09.12.2011)

Nordic Ecolabel =
Nordic Ecolabelling. In: http://www.nordic-ecolabel.org/criteria/product-groups/ (zuletzt aufgerufen am 01.01.2012)

Österreichisches Umweltzeichen =
Bundesministerium für Land- und Forstwirtschaft, Umwelt und Wasserwirtschaft. In: http://www.umweltzeichen.at/cms/upload/20%20docs/richtlinien-lf/uz02_r.26a_graphisches_papier_2009.pdf (zuletzt aufgerufen am 01.01.2012)

Papierberechnung =
Kuhrt, Nils (Hrsg.): Papierberechnung & DIN-Formate. In: http://www.e-write.de/mg/mg/downloads/data/pdf/ewrite/papierberechnung.pdf (zuletzt aufgerufen am 09.12.2011)

PEFC =
Die Verbraucher Initiative e.V. (Hrsg.): PEFC – Programme for Endorsement of Forest Certification Schemes. In: http://www.label-online.de/label-datenbank?label=210 (zuletzt aufgerufen am 01.01.2012)

PEFC 2011 =
PEFC: PEFC – International. In: http://www.pefc.de/pefc-initiative/pefc-international.html (zuletzt aufgerufen am 30.10.2011)

Rainforest Alliance =
Die Verbraucher Initiative e.V. (Hrsg.): Rainforest Alliance. In: http://www.label-online.de/label-datenbank?label=539 (zuletzt aufgerufen am 01.01.2012)

Print Power =
Print Power (Hrsg.): Österreichische Druckbranche: aktiv für Klimaschutz! In: http://www.printpower.at/at/news/p/detail/osterreichische-druckbranche-aktiv-fur-klimaschutz (zuletzt aufgerufen am 14.01.2012)

Sherin 2009 =
Sherin, Aaris: Grafikdesign nachhaltig. Ein Handbuch über Materialien und Herstellungsverfahren für Grafikdesigner und deren Kunden. München: Stiebner Verlag GmbH 2009

TerraChoice 2007 =
TerraChoice (Hrsg.) [2007]: The *Six Sins of Greenwashing*^{TM}. A Study of Environmental Claims in North American Consumer Markets. In: http://www.terrachoice.com/files/6_sins.pdf (zuletzt aufgerufen am 21.10.2011)

Umwelt-ABC =
PaperNet GmbH (Hrsg.): Umwelt ABC. In: http://www.papernet.at/Unternehmen/Umwelt_ABC.aspx (zuletzt aufgerufen am 01.01.2012)

Walenski 1994 =
Walenski, Wolfgang: Wörterbuch Druck + Papier. Frankfurt am Main: Vittorio Klostermann GmbH 1994

Abbildungsverzeichnis

Abb. 1: Die drei Bestandteile der Nachhaltigkeit.
In: Sherin, Aaris (Hrsg.): Grafikdesign nachhaltig. Ein Handbuch über Materialien und Herstellungsverfahren für Grafikdesigner und deren Kunden. München: Stiebner Verlag GmbH 2009, S. 12 [Adaption Petra Ploy]

Abb. 2: Cradle to Cradle Logo.
In: http://www.c2cn.eu/sites/default/files/C2CPlatform_logo.JPG (zuletzt aufgerufen am 26.12.2011) [Adaption Petra Ploy]

Abb. 3: Das Cradle to Cradle Modell.
In: Sherin, Aaris (Hrsg.): Grafikdesign nachhaltig. Ein Handbuch über Materialien und Herstellungsverfahren für Grafikdesigner und deren Kunden. München: Stiebner Verlag GmbH 2009, S. 23 [Adaption Petra Ploy]

Abb. 4: Papierverbrauch, Österreich.
In: http://www.austropapier.at/fileadmin/Austropapier/Dokumente/JB_2010/JB_gesamt_2010.pdf (zuletzt aufgerufen am 09.12.2011) [Adaption Petra Ploy]

Abb. 5: Papierverbrauch, International.
In: http://www.austropapier.at/fileadmin/Austropapier/Dokumente/JB_2010/JB_gesamt_2010.pdf (zuletzt aufgerufen am 09.12.2011) [Adaption Petra Ploy]

Abb. 6: Blauer Engel Zertifikat.
In: http://www.blauer-engel.de/_downloads/publikationen/Der-Blaue-Engel-auf-einen-Blick.pdf (zuletzt aufgerufen am 26.12.2011) [Adaption Petra Ploy]

Abb. 7: FCS Recycling Zertifikat.
In: http://www.fsc.org/fileadmin/general-assembly/Documents/Announcements_PDF/English/FSC-Annual_Report_2010-ENG.pdf (zuletzt aufgerufen am 26.12.2011) [Adaption Petra Ploy]

Abb. 8: FSC 100 % Zertifikat.
In: http://www.fsc.org/fileadmin/general-assembly/Documents/Announcements_PDF/English/FSC-Annual_Report_2010-ENG.pdf (zuletzt aufgerufen am 26.12.2011) [Adaption Petra Ploy]

Abb. 9: FSC Mix Zertifikat.
In: http://www.fsc.org/fileadmin/general-assembly/Documents/Announcements_PDF/English/FSC-Annual_Report_2010-ENG.pdf (zuletzt aufgerufen am 26.12.2011) [Adaption Petra Ploy]

Abb. 10: Rainforest Alliance Zertifikat.
In: http://frisko.dk/files/2011/03/Rainforest_Alliance_logo.png (zuletzt aufgerufen am 26.12.2011) [Adaption Petra Ploy]

Abb. 11: Nordic Ecolabel Zertifikat.
In: http://www.nordic-ecolabel.org/Global/Downloads/Nordic%20 Ecolabel%20logo.eps (zuletzt aufgerufen am 26.12.2011) [Adaption Petra Ploy]

Abb. 12: PEFC Zertifikat.
In: https://pefc.de/pefc-fuer-unternehmen/logonutzung.html (zuletzt aufgerufen am 26.12.2011) [Adaption Petra Ploy]

Abb. 13: Europäisches Umweltzeichen.
In: http://ec.europa.eu/environment/ecolabel/about_ecolabel/reports/futerra_pres_230909.pdf (zuletzt aufgerufen am 26.12.2011) [Adaption Petra Ploy]

Abb. 14: Österreichisches Umweltzeichen.
In: http://www.umweltzeichen.at/cms/upload/20%20docs/richtlinien-lf/uz02_r.26a_graphisches_papier_2009.pdf (zuletzt aufgerufen am 26.12.2011) [Adaption Petra Ploy]

Abb. 15: EMAS Zertifikat.
In: http://www.emas.de/fileadmin/user_upload/06_service/PDF-Dateien/Das_EMAS-Logo.pdf (zuletzt aufgerufen am 26.12.2011) [Adaption Petra Ploy]

Abb. 16: ISO Zertifikat.
In: http://wiki.hl7.de/images/Logo-ISO.jpg (zuletzt aufgerufen am 26.12.2011) [Adaption Petra Ploy]

Abb. 17: C2C Zertifikat.
In: http://ww1.prweb.com/prfiles/2008/09/16/815244/c2csilRG-Blg.jpg (zuletzt aufgerufen am 14.01.2012) [Adaption Petra Ploy]

Abb. 18: Print CO_2 geprüft.
In: http://www.druckspiegel.de/fm72/4/co2-print-geprueft.jpg (zuletzt aufgerufen am 14.01.2012) [Adaption Petra Ploy]

Abb. 19: Print CO_2 kompensiert.
In: http://www.vc-medien.de/Media/print_co2_kompensiert.jpg (zuletzt aufgerufen am 14.01.2012) [Adaption Petra Ploy]

Abb. 20: Recycling-Symbole.
In: http://blog.illustrationcastle.com/2006/10/28/recycling-symbols-for-designers/ (zuletzt aufgerufen am 26.12.2011) [Adaption Petra Ploy]

FH JOANNEUM
INFORMATIONSDESIGN

Dieses Buch entstand als Bakkalaureatsarbeit am Studiengang Informationsdesign betreut von Dipl. Graph. Catherine Rollier und Tammo Trantow.

Abschlussjahrgang 2011/2012

Mit freundlicher Unterstützung von:
Creative Industries Styria

Herausgeber: Univ.-Doz. Dr. Karl Stocker, Studiengang Informationsdesign FH JOANNEUM GmbH, Graz

Grafische Gesamtgestaltung: Petra Ploy, BA

Lektorat: Ruth Scheuer; Andrea Gritsch, BA

Druck: REMAprint Wien

Papier: Bioset 120 g/m²

Schrift: Adobe Garamond Pro

ISBN 978-3-9930-0561-0

Printed in the EU